城象

武昌的历史景观变迁

刘文祥 著

商务印书馆
The Commercial Press

武汉市社会科学基金项目编号：2019014

目录

武昌旧城今貌

（摄于 2019 年 7 月）

引　子

大清咸丰八年十一月初七，也就是公元 1858 年 12 月 11 日，和煦的阳光照耀着扬子江中游南岸这座古老的城市——武昌。在城墙下的江岸边，停泊着一艘英国皇家海军舰艇——"迅猛号"（*Furious*）。只见船上走下几位洋人，在围观人群好奇与警觉的目光中登上了江岸，想要进城一探究竟。城门口的守卫虽一度对这几位不速之客加以阻拦，但在对方强硬的坚持之下，很快也对他们予以放行了。

为首的是一个名叫詹姆斯·布鲁斯（James Bruce）的英国人，此时他的身份是英国对华全权专使，而他更为人熟知的是其封号——额尔金伯爵（8th Earl of Elgin）。两年后在北京，他因下令火烧三山五园，而被中国人永远铭记在了不堪回首的近代屈辱史中。不过此时的额尔金，心情是轻松而愉悦的：就在刚刚，他在军舰上接待了登船拜访的湖广总督官文及随行的一众大清官员，那排场甚是威武。在船上，使团中的摄影师，还给这些清朝大员们展示了新奇的照相术，并为他们拍下了一张合影（见图 4-1）——关于这张目前已知在武汉拍摄的最早照片，本书第四章将有详述。在额尔金的心目中，威武的大英帝国军舰，和时髦的照相机，想必足以令这些来自古老中华帝国内陆省份的地方官员们震撼不已了。

事实上，当走进城门之后，额尔金一行在武昌的所见，显然更增添了他的这种自信。这座长江中游历史悠久的古城，此时在刚刚经历了数年战乱的反复蹂躏后，所呈现出的是万分的破败和萧索之景——尤其在这万类凋零的冬日里，此种萧索之感更显逼人。额尔金在当天的日记中写道："武昌很是可观，大小大概和广州相当，只是到处都很破败……我提一件事，你可大致知道武昌是怎样一个城市：我们走到这个有城墙包围的城市的中心，在一个小山上，竟然抓到了两对雉鸡。"[1]

在过往的一千年时光里，这座叫过不同名字的城市，曾一再成为南中国城市中的璀璨明珠。这里江天万里，山水壮阔，其间曾有巍峨华美的王府宫殿、轮奂精巧的崇楼杰阁，还曾留下数不清的骚人墨客的诗踪词迹。然而在中国历史不断重复的治乱循环中，这些旧日繁华，总如黄粱一梦般，逃脱不了烟消云散的命运。就在额尔金登岸处的附近，曾经是这座城市最醒目地标的黄鹤楼，此时也已化为一片瓦砾。而他所描述的"到处都很破败"的景象，在过往的岁月中，已经多次在这座城市上演过了，这位在大清咸

1　〔英〕额尔金、沃尔龙德著，汪洪章、陈以侃译：《额尔金书信和日记选》，上海：中西书局，2011年，第114页。

丰年间到访的异域之客，似乎也不过是将要目睹这一兴衰循环的再一次重启罢了。

不过，此时在大清帝国以外，世界已经深刻改变了。额尔金专使以及他所乘坐的这一沿着扬子江一路西上耀武扬威的英国皇家舰队，在武昌江岸边的军舰上所拍下的这第一张近代影像，已在隐隐提示着这座内陆传统城市，将要开启不同以往循环的新历史了。就在此前数月，英国成功迫使清廷签订了《天津条约》，规定长江中下游沿岸除镇江外，还将再新增不逾三处的通商口岸，这支舰队此行的目的，正是为着新开口岸而进行实地考察。额尔金一行虽然对眼前古老衰败的景象甚是不屑，但对于这座中国内陆城市的未来发展前景显然是十分看好的。1861 年，汉口正式开埠通商，同年汉口英国租界也划设建立。由此，在鸦片战争后 20 年，武汉真正走入了近代历史中。

近代城市历史的演进过程，在武汉三镇并不同步。就在汉口开埠通商、开始走向广阔"长江时代"的前一年，与之隔江相望的武昌古城，还在外围扩建了一道新的城墙——这座传统中国政治中心型城市，似乎依旧在延续着往日农耕文明帝国城市的固有面貌和发展轨迹。然而在已然被卷入近代浪潮的晚清帝国中，汉口开埠和城市近代化历程的开启，对武昌古城而言显然已不再是天堑江流和封闭城垣可以绝缘的了。往后的历史证明，这座有着悠久古代文明史的城市，也同样是一座在近代历史中大放异彩和深刻变革的城市。在武汉迈向近代文明的行程中，古老的武昌城，同样扮演了值得高度关注的角色。

当这场变革来到武昌古城时，便是一股澎湃的巨浪，在短短百年的时间里，彻底颠覆了这座城市的景观：感慨"昔人已乘白云去，此地空余黄鹤楼"的唐代诗人崔颢，一定无法想象变成了欧式钟楼模样的"黄鹤楼"；而即使是在近代时空中的那个武昌旧城，今天也几乎难觅其踪了。

城市景观的改变，是城市历史脉络最具象的诉说，也往往是解读一座城市最直观的角度。虽然面对今日的城市景象，这一尝试将显得有些困难，但这仍然是本书试图通过种种文字、影像和实物的线索，所意欲寻求的目的。在本书的讲述中，我们将通过还原历史变迁中的万千"城象"，来窥探武昌这座千年古城在历史进程中所发生的种种改变。

第一章

古老的城

古城前世：唐以前的城史

　　浩浩江水，滚滚东流。在穿越了坦荡的江汉平原后，亚洲第一大河来到了鄂东丘陵地区。在这里，大江两岸分布着连绵的低矮山峦，它们在洪水季节也不会被淹没，而在山峦之间，更有着数量众多、面积广阔的湖泊，共同构成了一幅山水连绵的壮阔图画。

　　正是在这样一片低山与大泽的天地间，荆楚先民开始留下文明的足迹。在那些滨水的丘陵高地上，新石器时代的文明开始现出曙光。今天武昌东湖西岸的放鹰台一带，1956 年发现了一处古文化遗址，随后在 1965 年和 1997 年先后进行过两次较大规模的考古发掘，出土了丰富的历史遗存，其中延续时间最长、年代最早的是新石器时代的文化遗存。在放鹰台遗址中存在大量红烧土的建筑遗迹，这些红烧土中含有稻谷壳，与湖北境内的屈家岭、石家河遗迹中的发现相类似。该遗址还出土了许多磨制石器、陶器等，这些出土文物皆表明这一时期生活在武昌地区的先民，已经掌握了水稻种植技术和慢轮制陶技术，并有了较为发达的新石器农耕文明。[1]

　　随着时间的推移，今天武昌地区的古代文明日渐发达，先民聚落不断

1　魏航空、雷兴军、罗宏兵：《洪山放鹰台遗址 97 年度发掘报告》，《江汉考古》1998 年第 3 期；湖北省文物考古研究所编著：《武昌放鹰台》，北京：文物出版社，2003 年，第 89—90 页。

图 1-1　为纪念屈原在鄂"行
吟泽畔"而建的武昌东湖行
吟阁（摄于 2021 年 2 月）

扩展。战国时期著名诗人屈原在《九章·涉江》中曾写下"乘鄂渚而反顾兮，
欸秋冬之绪风"之句，唐宋以来历代文人多认为此"鄂渚"位于今武昌城一带，
如南宋朱熹曾对此句注称："鄂渚，地名，今鄂州也"[1]，此"鄂州"即今武昌城。
而南宋王象之编纂的《舆地纪胜》一书，更明确提出鄂渚在"江夏西黄鹄矶

---

[1]〔宋〕朱熹:《楚辞集注》卷 4。

上三百步"[1]，也就是今巡司河口武昌造船厂一带。在明代以前很长一段时间里，"鄂渚"都常作为武昌的代名词，唐宋时以"鄂州"为城名，亦是取自"鄂渚"。

当然，这些都还只是武昌城史的序奏。本书所要讲述的这座古城，此时尚未登上历史的舞台。

见诸唐宋以来各种史志文献中的通行说法，皆认为武昌城的最早建城历史，始自三国初年。东汉末季，天下豪强四起，至赤壁之战后，最终形成了魏、蜀、吴三国鼎立的局面。主要势力原本在长江下游地区的孙吴政权，为了争夺荆州，便将其统治中心迁移到了长江中游的鄂县，并将之改名"武昌"，即位于今天武汉市下游的鄂州市。在这里，孙权驻跸八年之久，并最终于公元 229 年称帝，改元"黄龙"，正式建国号"吴"，史称"东吴"或"孙吴"。[2]

除了新都武昌以外，孙吴政权在今天的湖北境内还有诸多经略，其中的一项重要建设便是营筑夏口城。关于这座城，北魏郦道元的《水经注》中记载道："黄鹄山东北对夏口城，魏黄初二年孙权所筑也。依山傍江，开势明远，凭庸藉阻，高观枕流。上则游目流川，下则激浪崎岖，实舟人之所艰也。对岸则入沔津，故城以夏口为名。"[3]《南齐书》亦有记载云："夏口城据黄鹄矶，世传仙人子安乘黄鹄过此上也。边江峻险，楼橹高危，瞰临

1　〔宋〕王象之编纂：《舆地纪胜》卷 66。

2　皮明庥主编，刘玉堂分卷主编：《武汉通史》秦汉至隋唐卷，武汉：武汉出版社，2006 年，第 107—110 页。

3　〔北魏〕郦道元：《水经注》卷 35。按：魏黄初二年即公元 221 年。

沔汉，应接司部。"[1]唐宋以来，各类史籍、方志文献中，皆将这座"依山傍江""瞰临沔汉"的军事城塞夏口城，认定为武昌城的最早前身。如唐代的《元和郡县图志》便记载称："州城本夏口城，吴黄武二年城江夏，以安屯戍也。城西临大江，西南角因矶为楼，名'黄鹤楼'。"[2]这一记载虽然在筑城年份上与《水经注》略有出入，但也强调武昌城最初即是由孙权在三国初年始建的夏口城。

对于这一流传上千年的通行说法，学界另有不同观点：这座见诸众多传世文献记载的始筑于三国孙吴的夏口城，究竟是否位于今天的武汉市武昌区，曾有著名学者提出颠覆性的新说[3]。对于这一问题的探讨，或许还有待于武汉城市考古的进一步深入，以提供更多的线索和史据。不过南朝时期成为郢州州治的夏口城，在梁末陈初以后确在今天武汉市武昌区，这应是学界普遍共识。我们还可以确知的是，梁末以后这座郢州城，与三国时代的那座夏口城相比，城池规模更显宏大，这一点可从史籍记载中窥见。侯景之乱后，萧梁陷于分崩离析之中，陈霸先控制建康朝廷后，割据长江中游的梁将王琳仍不归服。陈朝甫一建立，王琳便在郢州拥戴梁朝宗室萧庄为帝，不久即趁陈霸先病死之际举兵攻陈，而北周趁王、陈相争之际，也大举兴军南侵，

---

1 〔南朝梁〕萧子显：《南齐书》卷15。

2 〔唐〕李吉甫：《元和郡县图志》卷28。按：吴黄武二年即公元223年。

3 已故历史地理学家、武汉大学教授石泉在其论著中提出，自三国初年三百余年里，夏口应位于汉水中游，至南朝梁末陈初时，作为郢州州治的夏口城才东移至今武昌。参见石泉：《古夏口城地望考辨》，《古代荆楚地理新探·续集》，武汉：武汉大学出版社，2013年，第138—160页。

意欲攻下守备空虚的郢州。这一年是陈文帝天嘉元年、梁萧庄天启三年、北周明帝武成二年，公元 560 年，当时郢州由守将孙瑒据城坚守，《陈书》对这场城防战曾有一段生动的描写：

> 周遣大将史宁率众四万，乘虚奄至，瑒助防张世贵举外城以应之，所失军民男女三千余口。周军又起土山高梯，日夜攻逼，因风纵火，烧其内城南面五十余楼。时瑒兵不满千人，乘城拒守，瑒亲自抚巡，行酒赋食，士卒皆为之用命。周人苦攻不能克，乃矫授瑒柱国、郢州刺史，封万户郡公。瑒伪许以缓之，而潜修战具，楼雉器械，一朝严设，周人甚惮焉。及闻大军败王琳，乘胜而进，周兵乃解。[1]

这段记载透露出关于郢州城市空间形态的一个重要线索，即此时郢州城已有所谓"内城"和"外城"两重城墙。当北周大兵压境时，外城的守军献城叛变，周军随后又纵火焚城，烧毁了"内城南面五十余楼"。但梁守将孙瑒以不足一千人的兵力据守内城，并亲上城墙，对守城军士"亲自抚巡，行酒赋食"，使得守军士气大振，最终以少胜多，成功守住了郢州内城。这场郢州城防战，是南北朝后期的一场重要战争。孙瑒对郢州的固守，虽无法扭转北强南弱的大势，但仍暂时遏阻了北周对江南的进一步进攻，为此后陈朝在江南统治的巩固奠定了重要基础。

关于南朝后期的郢州外城城垣，明代《湖广图经志书》记载称其"因

---

1 〔唐〕姚思廉：《陈书》卷 25。

州治后山，增筑左右，为重城。"[1]据此描述，结合《陈书》的上述记载，我们可大致推断，此时的郢州外城，部分城垣乃依蛇山延展，且蛇山以南地区，亦有相当部分被圈入外城城垣内，即所谓"因州治后山，增筑左右"。至于内城，唐代《元和郡县图志》称其"西临大江，西南角因矶为楼，名'黄鹤楼'"，北宋文人张舜民在其所著《郴行录》中则说其"因山附丽，止开二门，周环不过三二里"[2]。根据这些记载我们可以推知，这座内城西面紧邻长江，西南角在蛇山西头的黄鹄矶上，南墙建在蛇山上，全城周长仅千余米，若以方形平面推测，则边长约三四百米。从近代武昌老地图中我们可以发现，这座早已消失的内城（又称"子城"），在明清武昌城中似乎依然留下了蛛丝马迹。据清末实测地图可知，武昌城西城墙南起鲇鱼套巡司河口，经过黄鹄矶，北达大堤口后折向东，全长约 6 华里（3000 米）。这段城墙虽然西邻长江，但并非紧挨江岸，其城外江边仍有狭长地带分布有街市，其中靠近城墙一侧还掘有护城河。不过，其中自黄鹄矶起向北经汉阳门、七星闸，至衡善堂码头（今中华路码头）一段，城墙却向西突出，紧邻江岸，城下也没有护城河。在衡善堂码头处，城墙东折一小段，至万年闸复又折向东北，而此段城墙外也又有了护城河（筷子湖）。上面这段向西突出，紧邻江岸，没有护城河的城墙，自黄鹄矶黄鹤楼旧址起至衡善堂码头转角处，总长度正好是 400 米左右，且其南端恰以黄鹤楼为终点。这一段走向略显反常的

1 明嘉靖《湖广图经志书》卷 1。

2 〔宋〕张舜民：《郴行录》，《画墁集》卷 8。

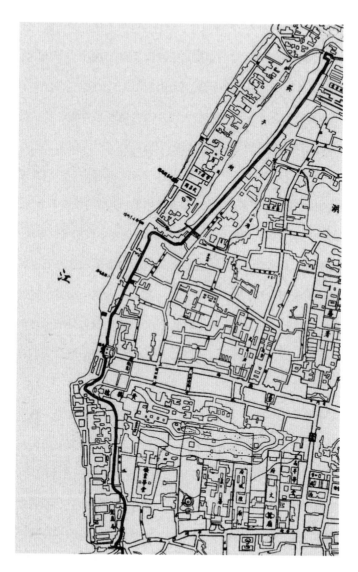

图 1-2　清末地图中的武昌城墙西北段，图中可见从黄鹤楼向北经汉阳门至烟波楼一段城墙，明显向西突出，紧邻江岸。

(本书编纂委员会编辑：《武汉历史地图集》，北京：中国地图出版社，1998 年)

图 1-3　清末武昌黄鹄矶、汉阳门一带临江城垣及江岸护坡（陈思收藏）

城墙，是否正是沿用了此前鄂州子城的西城墙呢？在城墙实体早已无存的
情况下，我们或许可以存有这样的遐想。

　　虽然从平面上看，鄂州城垣的外城没有完全包围子城，而是选择让子
城西侧城墙直面大江，但在古代社会，以长江天堑作为天然屏障，从军事防
卫上看亦可谓安全无虞，而紧邻江岸更可拥有便利的水陆交通条件。此外，
其南面城墙依蛇山而建，利用天然山势作为城墙基础，进一步加强了守备性。

　　南北朝后期，北周在侯景之乱后趁势攻占了长江中上游的荆、雍、梁、
益等州，版图大增，国力日盛，而南朝则疆域狭仄，国势日衰。在北周灭亡

北齐，杨坚代周立隋后，北方统一南方已是大势所趋。开皇九年（公元 589
年），隋军渡过大江，攻克建康，陈朝灭亡，郢州陈军旋亦投降献城。当年，
隋朝即改郢州为鄂州，州治仍旧，同时将县一级行政区划改名为"江夏"[1]，
而因为此城是鄂州州治所在，故也被称为鄂州城，"鄂州"这一地名从此一
直延续到元代初年。

　　始于汉代的"州"，本是地方上的监察区，地域范围很大。此后其日益
行政化，在东汉末年完全成为地方上的最高一级行政区划。自魏晋时期开始，
"州"就有数量日多、面积益小的趋势。南朝的郢州乃分割自原荆州东部而设，
到了隋唐时期的鄂州，更是只包括今天的鄂东南地区而已了。唐代前期地方
上的监察区"十五道"中，鄂州属江南西道，其长官江南西道采访处置使治
洪州（今江西南昌）。由此观之，隋和唐前期的鄂州城，其政治地位较之南
朝时期，是有所下降的。

　　但随着安史之乱的爆发和唐朝政治经济形势的剧变，鄂州在中唐以后
的城市地位开始快速上升。在唐代前期，鄂州的最高长官为州刺史，安史
之乱后，这里开始出现一个新的官职。据《旧唐书·穆宁传》记载，唐代
宗广德初年，"是时河运不通，漕挽由汉沔自商山达京师。选镇夏口者，诏
以宁为鄂州刺史、鄂岳沔都团练使及淮西鄂岳租庸盐铁沿江转运使，赐金
紫。"[2] 由于安史之乱，华北地区形成藩镇割据局面，朝廷无力节制，维系京

---

1 〔唐〕魏征：《隋书》卷31。

2 〔后晋〕刘昫等：《旧唐书》卷155。

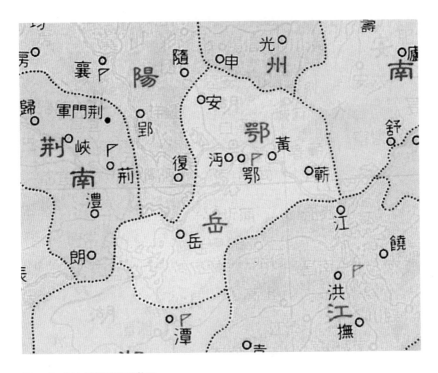

图 1-4　唐中后期鄂岳道范围

师运转的经济命脉，转为依靠江南地区。而在这一新的经济格局之下，"漕挽由汉沔自商山达京师"，地处江汉交汇之处的鄂州，其交通枢纽地位也就日益凸显了，其对中晚唐时期的唐朝中央政府而言，自然具有空前的重要性。正是有鉴于此，唐朝将以鄂州为中心的周边数州，自原江南西道剥离，分设一个新的"道"，并以鄂州为中心统为管辖节制。这一新职虽由鄂州刺史兼任，但由朝廷下诏专设，"赐金紫"，可见其地位尊崇，已非昔日一州之刺史可比。其具体管辖州数，此后时有变化，如周边的沔、蕲、黄等州亦曾划入，而以今湖北东南部和湖南东北部的鄂、岳两州为主要辖境，则始终未变，故后世一般称其为"鄂岳观察使"，其所辖区域，也被称为"鄂岳道"。

安史之乱后，唐王朝深陷藩镇割据的困局之中，而仍能维持近150年的统治，一个重要原因，就是当时在江南富庶地区的藩镇，尚能为朝廷所掌控。在这其中鄂岳道便是一处重要藩镇，其治所鄂州不仅经济日益发达，已成长江中游大都会，更因其地当水陆交通枢纽，关系京师漕运命脉，重要性便格外突出。在设置鄂岳观察使后，唐朝更于此增设了"武昌军节度使"，使这一藩镇在江南地区的地位进一步得到凸显。牛僧孺、元稹等唐代知名政治人物，都曾出任鄂岳观察使和武昌军节度使。鄂岳道（武昌军）事实上是唐代中后期在朝廷之下、州之上新设的一级行政区划。因此，此时的鄂州已然重新升为"省会"城市，而直追江陵，开始成为长江中游沿岸的重要中心城市，这是中晚唐政治形势变化，和长江流域经济开发、武汉地区城市发展取得巨大进步的具体体现。

城池建设的飞跃性进步，也是这一时期鄂州城市地位快速上升的一大具体表现。敬宗年间出任武昌军节度使的唐代名臣牛僧孺，在任期间对鄂州城池建设做出了突出贡献。《新唐书》记载称："鄂城土恶亟圮，岁增筑，赋蘘茅于民，吏依为扰。僧孺陶甓以城，五年毕，鄂人无复岁费。"[1]牛僧孺治鄂期间，对鄂州城垣进行了一次大规模修缮，将原先夯土裸露且已年久失

1　〔宋〕欧阳修等:《新唐书》卷174。

修的土墙"陶甓以城",也就是在土墙外包城砖,改为砖墙。经过牛僧孺的这次包砖修缮以后,鄂州城墙变得更加坚固耐久,既极大增强了城防能力,也减轻了城墙的维护和修缮压力,纾解了民困。这样的筑城工程,势必需用大量砖石材料,这也反映出唐代长江流域烧砖技术的进步,以及砖石建筑建造技艺所达到的新高度。

至于牛僧孺此次筑城的具体规模和范围,目前尚难准确厘清。在现藏于英国伦敦大英图书馆的斯坦因敦煌遗书第 529 号写本的背面,抄录有一部五代时期的佛教名胜游记。在这一文献中,作者记述鄂州"城周卅里……商侣便填,水陆居人三万余户,寺院卅余所,僧尼二千人"[1]。与该文献中记述的长江流域其他许多大城市的城墙规模一样,这里记载的"城周卅里"恐有夸大之嫌,但从"商侣便填,水陆居人三万余户"的描述中,也确能使我们窥见唐末五代时期鄂州城的繁华景象。

值得一提的是,位于子城西南角黄鹄矶上的黄鹤楼,在唐代开始登上中国文化历史的舞台,并迅速成为闪亮的明星。从现有的史料来看,在南朝以前的各种史籍文献中,虽然有"黄鹄矶""黄鹄山""黄鹄岸""黄鹄湾"等地名,但却并没有出现"黄鹤楼"的明确记载。虽然诸如《南齐书》中有称夏口城"边江峻险,楼橹高危"的记载,但这种作为军事瞭望设施的"楼橹",与后代

---

1 《斯五二九背·失名行记》,中国社会科学院历史研究所、中国敦煌吐鲁番学会敦煌古文献编辑委员会、英国国家图书馆、伦敦大学亚非学院合编:《英藏敦煌文献(汉文佛经以外部分)》第 2 卷,成都:四川人民出版社,1990 年,第 10—14 页。

作为登赏游宴之地的"黄鹤楼"，显然并不是一回事。真正意义上的黄鹤楼，应在南朝后期甚至唐初方才建成，而从唐代开始，作为文学形象的"黄鹤楼"才大量见诸诗文史籍之中。[1] 唐人阎伯理的《黄鹤楼记》一文曾写道："州城西南隅，有黄鹤楼者。《图经》云：'费祎登仙，尝驾黄鹤返憩于此，遂以名楼。'……观其耸构巍峨，高标巃嵸，上倚河汉，下临江流；重檐翼馆，四闼霞敞；坐窥井邑，俯拍云烟，亦荆吴形胜之最也。何必濑乡九柱、东阳八咏，乃可赏观时物、会集灵仙者哉！"[2] 从这段简短的文字不难推想，唐代的黄鹤楼"重檐翼馆，四闼霞敞"，是一座规模宏伟，结构精巧，装饰华丽的楼阁建筑。而当时在鄂州一带的军政要人，"或逶迤退公，或登车送远，游必于是，宴必于是"，更表明此时的黄鹤楼，已然是鄂州城最著名的风景名胜地和游宴聚会地。

唐代既是黄鹤楼文化的勃兴时代，也是黄鹤楼诗歌史上的一篇灿烂华章。诗仙李白在黄鹤楼留下了众多千古名句："黄鹤楼中吹玉笛，江城五月落梅花"，赋予了武昌"江城"的美誉；"黄鹤楼前月华白，此中忽见峨眉客"，"孤帆远影碧空尽，唯见长江天际流"等句，则写尽了无限的别离情思。此外，诸如王维、白居易等唐代著名诗人，也在黄鹤楼留下了词踪。在大唐诗歌的壮阔天幕中，黄鹤楼是南天中一个新升而璀璨的星座，而这座江南名楼的华丽登场，也为其所在的这座"江城"增添了更加绚烂的文化色彩和厚重的历史积淀。

---

1   参见刘法绥：《黄鹤楼建筑年代初断》，《江汉论坛》1980 年第 6 期。

2   〔唐〕阎伯理：《黄鹤楼记》，〔宋〕李昉：《文苑英华》卷 810。

故人西辞黄鹤楼，烟花三月下扬州。孤帆远影碧空尽，唯见长江天际流。李白《黄鹤楼送孟浩然之广陵》，清湘苦瓜老人济浩然之广陵，以张志和烟波子法做其意。

图1-5　清代画家石涛所绘《李白〈黄鹤楼送孟浩然之广陵〉图》(故宫博物院藏)

在唐代黄鹤楼的文学世界里，崔颢的《黄鹤楼》无疑是其中最为人熟知的名篇。"晴川历历汉阳树，芳草萋萋鹦鹉洲"一联，写尽了登楼远眺所见之山川水泽胜景。不过，此联下阙在不同的古籍中，文字略有差异：如唐人芮挺章所编《国秀集》、北宋姚铉所编《唐文粹》和李昉等人所编《文苑英华》等书中，收录的该诗此句皆作"春草青青鹦鹉洲"[1]；同样是北宋时期成书的《太平寰宇记》中，所录该诗此句则作"春草萋萋鹦鹉洲"[2]。类似存在文字差异的还有此诗的第一句：今天的通行版本中，前三句连用三个"黄鹤"，颇异于诗词格律之常，而前文提到的唐宋时期各古籍中，此诗首句皆作"昔人已乘白云去"。近代在敦煌藏经洞发现的古代文献，也为我们探究这一唐诗名篇早期版本的面貌提供了重要线索：现藏于法国国家图书馆的伯希和敦煌遗书第 3619 号卷中，便抄录有崔颢的这首《黄鹤楼》诗。根据学者研究考证，此卷抄写年代当为唐代。录于该诗卷中的《黄鹤楼诗》版本如下：

> 昔人已乘白云去，兹地唯余黄鹤楼。
>
> 黄鹤一去不复返，白云千载空悠悠。
>
> 晴川历历汉阳树，春草青青鹦鹉洲。
>
> 日暮乡关何处在？烟花江上使人愁。[3]

---

1 〔唐〕芮挺章：《国秀集》卷中；〔宋〕姚铉：《唐文粹》卷 16；〔宋〕李昉：《文苑英华》卷 312。

2 〔宋〕乐史：《太平寰宇记》卷 112。

3 《法 Pel. chin. 3619 唐诗丛抄》，上海古籍出版社、法国国家图书馆编：《法国国家图书馆藏敦煌西域文献（26）》，上海：上海古籍出版社，2002 年，第 108 页。

显然，包括敦煌遗书在内，唐宋时期的各类文献中，此诗的首句和第六句的两个关键词皆分别作"白云"和"春草"，这恐怕才是此诗的原貌。从全诗的行文逻辑上看，只有首句为"乘白云去"，第四句"白云千载空悠悠"方有所依，而头四句"白云"与"黄鹤"两相对照，亦十分工整。当然，个别字词的变化，丝毫不影响这一千古名篇在中华诗歌文化史上的地位，而日后由之衍生出的"汉阳树""晴川阁""白云阁"等，更已成为武汉三镇的风景名胜和文化地标。乃至于今天武汉地铁4号线的主题色"芳草绿"和6号线主题色"鹦鹉绿"，也是出自此诗，足见其穿越千年时空的深远影响力。

江城荣景：从鄂州到武昌

    及至宋代，鄂州城又有了一些变化和发展。[1]在城垣方面，明嘉靖《湖广图经志书》记载称："宋皇祐三年，知州李尧俞重为增修旧城……门有三，东曰'清远'，南曰'望泽'，西曰'平湖'。元因之。"[2]由此观之，似乎在北宋时期，鄂州城垣曾进行过扩建。不过，北宋统治者鉴于晚唐五代藩镇割据的教训，对不处于军事前线的南方城池，多不予修城，甚至主动拆废城墙。[3]明代方志中记载的北宋皇祐年间鄂州的这次"增修旧城"，其具体情况尚须进一步考证。值得注意的是，南宋时期的文人黄榦曾在开禧三年（1207年）的一封书信中提到："鄂州军饷所聚，人物繁盛，控扼险要，乃全无城壁。去岁陈副宣欲以钱数万缗助鄂州筑城，太守不从而止。今移赵守守鄂，闻其人颇喜事，宜力赞之，此急务也。恐烧砖、鸠工、具器用，非一日可办，宜先以书委官属，使一面措置。"[4]这里说当时的鄂州城"全无城壁"，无疑是

---

1 关于宋代鄂州城市格局和经济发展的详细情况，可参考武汉大学历史学院杨果教授《宋代鄂州城市布局初探》《宋代的鄂州南草市——江汉平原市镇的个案分析》等文。参见杨果：《宋辽金史论稿》，北京：商务印书馆，2010年。

2 明嘉靖《湖广图经志书》卷1。

3 参见鲁西奇：《城墙内的城市？——关于中国古代城市形态的再思考》，《中国历史的空间结构》，桂林：广西师范大学出版社，2014年，第355—356页。

4 〔宋〕黄榦：《与宇文宣抚言荆襄事体》，《勉斋先生黄文肃公集》卷16。

图 1-6　2019 年武胜门城墙遗址考古现场，在明清城砖之下发现有宋代城墙遗址
（摄于 2019 年 4 月）

颇为令人惊讶的。即便是有所夸张，但当时城墙缺坏，不甚完整恐也是事实。
这一记载也一定程度上印证了宋代鄂州城或与当时江汉、江淮和华南地区的
许多城市类似，在城垣的修筑和维护方面并不突出的实际状况。这一局面，
直至南宋时期湖北地区再次成为边境前线，特别是在南宋末年成为宋蒙战争
的激烈战场，鄂州军事地位不断上升后才发生改变。《宋史》记载，理宗景
定四年（1263 年），宋将吕文德"浚筑鄂州、常澧城池讫事"[1]，而最近在武胜
门遗址附近发现的宋代城墙砖中，也可见"咸淳"这一南宋末年年号。可见

---

1 〔元〕脱脱:《宋史》卷 45。

在宋末军事紧张的时局下，鄂州城曾多次得到修筑和加固。

从其他文献的记载来看，在南宋中叶以前，鄂州城垣至少在部分地段仍是存在的，也设有一些城门。明代《湖广图经志书》里提到的三座城门中，平湖门应与明清武昌城平湖门同名同址，是鄂州外郭的一座西门；望泽门南临宋代"南湖"，是外郭南门。而关于清远门，文献中记载较为模糊，此门或非鄂州外郭城门，而是子城东门。南宋时期编纂的地理总志《舆地纪胜》，在有关荆湖北路鄂州城的章节中，有两处记载提到清远门。一处称荆湖北路转运司东西二廨"在州之清远门内"，表明清远门应是"州城"之门，而"州城"就是子城。该书又有记载称"头陀寺，在清远门外黄鹄山上"[1]。头陀寺是唐宋时期鄂州地区的著名寺庙，南宋孝宗乾道年间，著名诗人陆游曾在前往夔州（今重庆奉节一带）任职的途中经过鄂州，并曾到访头陀寺。他在此行的日记《入蜀记》中，描述该寺的位置"在州城之东隅石城山"[2]。根据这一记载，头陀寺的位置应该在子城东南角的黄鹄山麓，即明清武昌府学一带。由此也可以推断宋代的清远门，应为鄂州子城的东门。

而除了《湖广图经志书》中记载的清远、望泽、平湖三门外，我们从其他历史文献中还可得知，宋代鄂州城至少还另外有"汉阳门""竹簰门""武昌门"等城门。关于汉阳门，陆游在《入蜀记》中曾提到"二十八日，同章冠之秀才甫登石镜亭，访黄鹤楼故址……复与冠之出汉阳门，游仙洞"[3]。

1　〔宋〕王象之编纂：《舆地纪胜》卷66。

2　〔宋〕陆游：《入蜀记》卷4。

3　〔宋〕陆游：《入蜀记》卷4。

从前后文的记述来看，这座"汉阳门"离黄鹤楼距离很近，且亦位于江边
一带，其与明清武昌城的汉阳门应是同名同址的。《舆地纪胜》中还提到"弥
节亭，在竹簰门外，临江"[1]。可见这座"竹簰门"也是宋代鄂州城西面临江
的一座城门，但具体位置不详。"武昌门"亦见诸《舆地纪胜》的记载中："湖
广总领所……今置司在武昌门内。"有学者研究指出，此"武昌门"应即是
汉阳门的另一名称。[2]值得注意的是，宋代鄂州城的"望泽门""竹簰门""平
湖门""汉阳门"等四座城门，在明初修建的武昌城墙中也有与之同名的城门。
不过在这其中，应只有汉阳门和平湖门与明代城门同址，其余二门，则是
同名异址。

此外，南宋史籍中还记载了一条史事：绍兴元年（1131 年）正月，活
动在江西、湖广一带的曹成农民军占领汉阳，因粮草匮乏，接受了鄂州路安
抚使李允文的招安，获准渡江入城，随后屯驻于鄂州城东郊外。《三朝北盟
会编》记载称曹成军"渡江入平湖门，出东门，下寨于东门之外，漫冈被野，
连接不断"[3]。《建炎以来系年要录》也记载了此事。[4]平湖门是鄂州外郭位于
蛇山以南的一座临江的西门，曹成大军由此门入城后，旋由"东门"出城，
则此门应当在蛇山以南的外郭东城墙上。且曹军出城后，屯驻于门外的山岗
丘陵地带，"漫冈被野，连接不断"，而当时鄂州外郭北城外毗邻湖边，陆地

1　〔宋〕王象之编纂：《舆地纪胜》卷 66。

2　参见杨果：《宋代鄂州城市布局初探》，《宋辽金史论稿》，北京：商务印书馆，2010 年，第 225—226 页。

3　〔宋〕徐梦莘：《三朝北盟会编》卷 144。

4　〔宋〕李心传：《建炎以来系年要录》卷 41。

图 1-7 "鄂州"铭文残砖
（张亮收藏）

较为逼仄，也没有这样开阔的丘陵可供如此规模的军队驻扎，因此这座"东门"当是指鄂州外郭东南面的一座城门。至于"东门"是其正式名称还是俗称，则不得而知了。

由以上文献中关于"石城""子城"的记载我们亦可推知，直到南宋时期，尽管业已残缺，但这座子城仍存在于鄂州城内。与唐宋时期众多城池相类似，鄂州的子城事实上也是一座"衙门之城"，其中绝大部分面积被各种衙署占据。根据《舆地纪胜》《入蜀记》等文献的记载，在南宋时期，子城所在的黄鹄山一带，就分布有荆湖北路转运司（即陆游所称"漕园"）、湖广总领所、神武后军（行营后护军）都统制司、鄂州州署、江夏县署等。大到湖广地区和荆湖北路，小到鄂州和江夏县，各级衙门都云集于此，可谓一处名副其实的"政务中心"。这些官衙建筑，虽然早已不存，也没有留下详细的图文资料，但从有限的文字记载中，我们依旧可以大略窥见一些蛛丝马迹。

宋代在地方上改唐代"道"为"路"，在"路"一级设有经略安抚司（"帅司"）、提点刑狱司（"宪司"）、转运司（"漕司"）、提举常平司（"仓司"）四大机构。北宋时期，荆湖北路四司设于江陵，鄂州的政治地位较中晚唐时有所下降。但靖康国变、宋室南渡后，在南宋的半壁江山之中，鄂州成为拱卫江浙近畿的上游要地，军事和交通地位重新得到加强。元人元明善便称该城"塘山而城，堑江而池，挟滇益，引荆吴，据楚中而履南越，宋人二百年间，峙粮锻兵，炭为边垒"[1]。南宋朝廷为了因应新的形势，将荆湖北路转运司从江陵迁来鄂州，又在鄂州设置了一些新机构，如"都统制司""湖广总领所"等。这些机构的迁移和新设，标志着在南宋特殊的时局下，鄂州的军事和政治地位进一步上升，不仅逐渐取代荆州而成为荆湖北路最重要的中枢，更是整个湖广地区的中心城市。

荆湖北路四司中，转运司主管该路内的水陆转运和财政税收，在宋代地方行政体系中是十分重要的部门。南宋绍兴年间，该司由江陵迁来鄂州，设于州子城内。这处衙门又分为东西两衙，即所谓"东漕"和"西漕"。东漕司内，有"光华堂""岩洞堂""一览亭""乖崖堂""四景亭""纳履

1　〔元〕元明善：《武昌路学记》，《清河集》卷 4。

亭"等建筑，以及"东圃""小山""清浅池"等山水园林景观，西漕司内
则有"春阴亭""民功堂""志功堂""华远堂""凝香亭""横舟亭""广永亭"
等建筑。陆游曾在东衙光华堂内接受漕司宴请，并称此处"依山亭馆十余"。
东漕内的"东圃"，《舆地纪胜》记载称其"旧名老圃，延袤百七十丈，旁
有纳履亭，今藏高宗皇帝御书石刻"[1]，足见该园乃是当时州城衙署附属园林
中较大的一处。

南宋鄂州"都统制司"的设置与岳飞有着密切关系。岳飞率领的神武
后军，在绍兴四年至五年（1134—1135 年）间收复了此前陷于伪齐傀儡政
权的襄阳六郡，并平定了洞庭湖杨幺农民军，随即驻扎鄂州，奏请朝廷设置
该军都统制司，"置司于州治"。绍兴十一年（1141 年）宋金和议后，岳飞
离鄂回杭，其部下王贵继任都统制一职，并"移司于城东黄鹄山之麓，即冯
文简公之旧宅也"。据记载，都统制司衙门内，建有"卷雪楼""卷雨楼""会
景楼""赏心楼""楚江楼""清风楼"等建筑。

湖广总领所也是南宋初年为了因应变局，而权宜设置的一个新机构。"中
兴之初，分兵驻上流，以转运使董饷，绍兴二年（1132 年）始委户部官一
员总领。自霍蠡始总领湖南、北，广东、西，江西，京西六路财赋，应办鄂州、
江陵、襄阳、江州驻扎大军四处，及十九州县分屯兵。"[2]可见，这一机构是
为了统一协调当时南宋版图中部地区前线各路军队的军饷物资运输调拨而

1　〔宋〕王象之编纂：《舆地纪胜》卷66。

2　同上。

图 1-8　武昌蛇山岳武穆遗像亭旧影（作者收藏）

图 1-9　河南汤阴县岳飞庙（摄于 2021 年 4 月）

设置的。总领所的具体位置尚难详考，但大致应位于黄鹄山以北的州城附近地带，该衙内有"清美楼""生春楼"等建筑，其中生春楼是所内的"上酒库"。衙署北侧还建有一座附属园林，名为"北园"，园中有"清景堂""应轩""憩轩""正己亭""梅阁"等园林建筑。此外，根据《舆地纪胜》的记载，在总领所南北两侧，还建有两座分别名为"楚观"和"楚望"的建筑，其中楚观亭建在南面黄鹄山顶的奇章亭旧址，为子城地势最高处，可俯瞰全城；楚望亭则位于总领所东北，具体地址不详。这两个合名为"观望"的建筑，应是总领所南北两侧的两座瞭望亭。

至于鄂州州治，亦同样位于子城之中，据清乾隆《江夏县志》记载，鄂州州治"在黄鹄山阴，即今府治"，可见明清武昌府署就是沿用了宋代鄂州州署的旧址，即今民主路小学一带。又据《舆地纪胜》所述，州署坐北朝南，南面正对的黄鹄山顶建有"南楼"，此楼最初或即为州署的谯楼；与之相对的，在州署北侧居中则建有"北榭"，从名称看，这应是一座依附子城城墙而建的高台建筑，与南楼南北对望。此外，州署中还建有一座"奇章堂"，与黄鹄山上原有的"奇章亭"一样，其名"奇章"，都是取自唐代武昌军节度使牛僧孺（牛氏曾受封奇章郡公）。

宋代也是中国儒学大兴的时代，见诸文献记载的武汉地区最早建立的地方儒学、孔庙，正是始于北宋时期的鄂州州学。至南宋时，州学中曾兴建一座"稽古阁"，大儒朱熹为之作有《鄂州州学稽古阁记》，其中写道："鄂州州学教授许君中应，既新其学之大门，而因建阁于其上，棱藏绍兴石经、两朝宸翰以为宝镇。又取板本九经、诸史百氏之书，列寘其旁。不足则使人以币请于京师之学官，使其学者讨论诵说，得以厌饫而开发焉。"[1] 这座建在鄂州州学大门之上的稽古阁，不仅珍藏有高宗御书石经等"镇馆之宝"，还广泛搜罗和购买了大量经史典籍图书而入藏其中，堪称是武汉地区见诸史料记载最早的"市立图书馆"了。

与唐代一样，宋代鄂州城中的风景名胜，主要仍集中于黄鹄山一带。此山之上，西起石镜亭、黄鹤楼，东达焦度楼、头陀寺，除了延绵其上的"石城"外，更有一系列亭台楼阁和衙署寺院。在最西侧的黄鹤楼前有石镜亭，又称石照亭，陆游称其在"石城山一隅，正枕大江，其西与汉阳相对，止隔一水，人物草木可数"，由此观之，石镜亭应在黄鹄矶头，紧邻江岸，很可能就是元代胜像宝塔的位置。石镜亭以东即为黄鹤楼，再东则有压云亭、涌月台、仙枣亭等，而山势亦逐渐上升，至最高处一带则为南楼，也是宋代整个黄鹄山上最壮美的楼阁建筑，与黄鹤楼东西相望。陆游登临南楼赏游后，曾称其"制度闳伟，登望尤胜。鄂州楼观为多，而此独得江山之要会"[2]。范成大也称南楼"轮奂高寒，甲于湖水。下临南市，邑屋鳞差"[3]。宋代还有许多歌咏南楼的诗句，如黄庭坚有《鄂州南楼书事四首》，其中描述南楼的建筑和景观道："南楼盘礴三百尺，天上云居不足言"，"江东湖北行画图，鄂州南楼天下无。高明广深势抱合，表里江山来画阁"[4]；戴复古的《鄂州南楼》诗，也称"鄂州州前山顶头，上有缥缈百尺楼。大开窗户纳宇宙，高插栏干侵斗牛。我疑

1 〔宋〕朱熹：《鄂州州学稽古阁记》，《古文集成前集》卷 12。

2 〔宋〕陆游：《入蜀记》卷 4。

3 〔宋〕范成大：《吴船录》卷下。

4 〔宋〕黄庭坚：《鄂州南楼书事四首》，〔宋〕黄庭坚撰，〔宋〕任渊注：《山谷内集诗注》卷 18。

脚踏苍龙背，下瞰八方无内外。江渚鳞差十万家，淮楚荆湖一都会"[1]。可见宋代南楼宏大雄伟，华丽精巧，加之高居山顶，下瞰长江、南湖和鄂州全城，可谓风景绝佳，是当时鄂州最重要的登览名胜地。此外，在黄鹄山最东端的山南麓，还有一座唐宋时期著名的寺院"头陀寺"。北宋诗人黄庭坚曾赋诗描绘道："头陀全盛时，宫殿梯空级。城中望金碧，云外僧戢戢。"[2]但当时该寺已经衰落，不复此胜景，至南宋时方经"汴僧舜广住持三十年，兴葺略备"。该寺中立有一方南齐文人王简栖的遗碑，其碑文曾被收入《昭明文选》中。陆游到访鄂州游览头陀寺时，曾参观该碑，并据碑文考证其为南唐时期重制。[3]

宋人在鄂州南楼上向南俯瞰，所见最壮美的景色是水波浩渺的南湖。《舆地纪胜》记载，"南湖，在望泽门外，周二十里，旧名赤阑湖。"宋代望泽门，是鄂州外郭南面最主要的城门，门外即是面积辽阔的"南湖"，因门前是一派水泽连天的景象，故而这座城门便得名"望泽"。宋代鄂州南湖水域面积曾经极为浩渺，明清时期武昌南城中的宁湖、都司湖、西湖、歌笛湖、弯湖、紫阳湖、长湖等湖泊，都是当年南湖的残留水域。而从"周二十里"的记载来看，宋代南湖甚至可能包括了更东面的晒湖。当时的南湖中曾广植莲花，陆游在登临南楼眺望时，曾称"下阚南湖，荷叶弥望"。黄庭坚亦曾有诗云："四顾山光接水光，凭栏十里芰荷香。清风明月无人管，并作南楼一味凉。"[4]

1 〔宋〕戴复古：《鄂州南楼》，《石屏诗集》卷1。

2 〔宋〕黄庭坚：《头陀寺》，〔宋〕黄庭坚撰，〔宋〕任渊注：《山谷内集诗注》卷18。

3 〔宋〕陆游：《入蜀记》卷4。

4 〔宋〕黄庭坚：《鄂州南楼书事四首》，〔宋〕黄庭坚撰，〔宋〕任渊注：《山谷内集诗注》卷18。

从这些诗文中，不难想见当年鄂州南湖的秀美水景。

在南宋中后期鄂州城的西南郊，从长江江岸到南湖一带，由西向东依次排列有万金堤、长堤和郭公堤三条南北向的堤防。万金堤为最外侧临江堤防，南宋绍熙年间筑造，其上曾建有"压江亭"。万金堤以东不远处，是南湖西岸的长堤。在万金堤建成以前，南湖长堤即为分隔江、湖的界限，也是武昌南郊抵御江洪的首要屏障。《舆地纪胜》称南湖"外与江通，长堤为限，长街贯其中，四旁居民蚁附"[1]。陆游行舟长江中时，亦望见南湖长堤上"楼阁重复，灯火歌呼，夜分乃已"[2]。据《湖广图经志书》记载，"长堤，在平湖门内，旧志云：'政和年间，江水泛滥，漂损城垣。知州陈邦光、县令李基筑堤以障水患。'"[3]。明代增拓武昌城墙时，其西南段即以此段旧堤为基，城墙内比邻的街道名为"花堤街"，此"花堤"即指宋代长堤。《湖广图经志书》又载："郭公堤，在湖心，自长街东至新开路二里，旧志以为宋都统制郭果所筑，故名。"这座宋代所筑的"郭公堤"，穿过南湖湖心，应即今武昌解放路南段，在明清时期，这条路依然名为"长街"。《舆地纪胜》又载南湖中有一座"广平桥"，陆游也称"其上皆列肆，两旁有水阁极佳"[4]，这座穿过南湖湖心的广平桥，应即位于郭公堤上。

过广平桥和郭公堤一路向南，在南湖的南岸，是鄂州南郊更为繁华的"南

1 〔宋〕王象之编纂：《舆地纪胜》卷66。

2 〔宋〕陆游：《入蜀记》卷4。

3 明嘉靖《湖广图经志书》卷2。

4 〔宋〕陆游：《入蜀记》卷4。

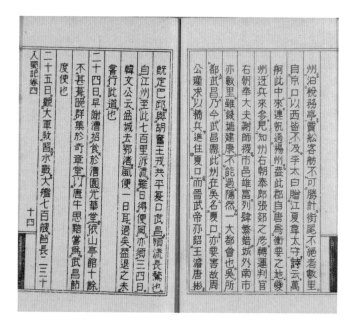

图 1-10　陆游《入蜀记》书影（日本明治十三年求古堂刻本）

草市"，又名"南市"。陆游在《入蜀记》中描绘道："城外南市亦数里，虽钱塘、建康不能过，隐然一大都会也。"[1] 范成大在《吴船录》中也称："南市在城外，沿江数万家，廛闬甚盛，列肆如栉。酒垆楼栏尤壮丽，外郡未见其比。盖川、广、荆、襄、淮、浙贸迁之会，货物之至者无不售，且不问多少，一日可尽，其盛壮如此。"[2] 从以上这些宋人的描绘中，我们不难想见宋代鄂州城南郊之繁华盛况。

1　〔宋〕陆游：《入蜀记》卷 4。

2　〔宋〕范成大：《吴船录》卷下。

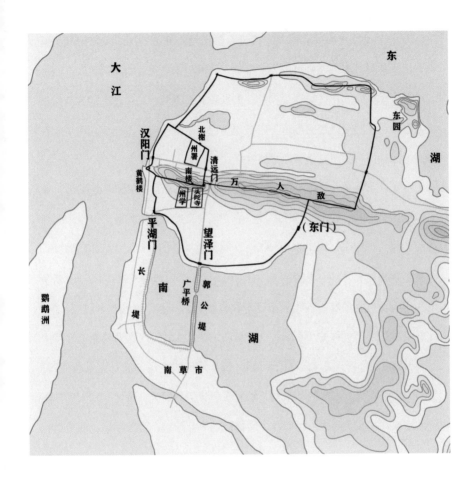

图 1-11　南宋时期鄂州城池布局推测图（黎国亮绘图）

说明：此图乃作者据唐《元和郡县图志》、南宋《舆地纪胜》《舆地广记》《入蜀记》《吴船录》、明嘉靖《湖广图经志书》、清乾隆《江夏县志》、清同治《黄鹤山志》等文献所载信息推测复原，谨供参考。

　　至于宋代鄂州城外郭的北半部分，虽然没有详细的历史文献记载，但结合山水地形等客观条件可以合理推测，其城垣走向很可能与明代武昌城的北城垣大体一致。正如前面提到的，最近在武昌得胜桥一带进行的武胜门遗址考古中，在明清武胜门城垣一带发现了许多南宋城砖，由此也证明了早在宋代，武胜门一带便已是城垣之所在。

　　在《舆地纪胜》中，还记载鄂州近郊有一个名为"东湖"的湖泊。该书中提到："东湖，在城东四里。湖上有东园，为近城登览之胜。"[1]南宋时所称的"城东四里"，应以当时的鄂州子城为坐标，而非日后的明清武昌城。今长春观以北，小龟山以南一带，曾是武昌沙湖南边的一个湖汊，由紫金山和小龟山之间的峡地伸出，南延至长春观北面。近年来有学者研究认为，此湖汊即是宋代所称的"东湖"。[2]而从南宋诗人袁说友《游武昌东湖》诗中"一围烟浪六十里，几队寒鸦千百雏。野木迢迢遮去雁，渔舟点点映飞鸟"等句的描绘来看，当时的"东湖"水域面积应更为广袤。虽然"六十里"这一数字或许是文学夸张，但诗歌中所描绘的烟波浩渺，飞鸟翔集，渔舟点点的景象，亦非小龟山以南狭小的湖汊之地所能拥有。有鉴于此，南宋史籍和诗歌中所记载的鄂州东湖，事实上应该是指明清以后的整个武昌沙湖一带，其在宋代的水域面积较清代地图中所绘，应该更加广大，除了包括清代沙湖的主体及小龟山以南的湖汊外，其北面和西面湖岸应较清代更为深远。

1　〔宋〕王象之编纂：《舆地纪胜》卷66。

2　参见夏增民：《任桐〈沙湖志〉之"沙湖"指谬》，《武汉文史资料》2017年第6期。

这座湖泊在鄂州城的东北面，故而得名"东湖"。而所谓"城东四里"的记述，应该指向的是当时湖畔主要游览地"东园"的所在。事实上，袁说友还有另一首诗《同鄂州都统制司登压云亭》，其中"江湖万里后还先"一句下，作者自注"大江在前，东湖在后"[1]，这一位置关系的描述也更进一步证明了南宋鄂州的"东湖"就是今天武昌的沙湖。虽然宋代整个东湖水域广淼，但只有在其南岸湖畔地区，才有螃蟹岬、紫金山、小龟山等天然山丘，可供登览眺望湖光山色，加之这一地区靠近鄂州外郭城垣，才可称为是"近城登览之胜"。面积广阔的东湖，与其南面同样浩渺的南湖，加之城西的大江，从四面共同环抱鄂州城，使宋代鄂州宛如水中岛屿一般，是一座名副其实的大江大湖之城。

宋代黄鹤楼，虽不若南楼之声名显赫，但也是一处"迁客骚人，多会于此"的文化胜地。其虽也命途多舛，但仍屡毁屡建，不断涅槃重生。相传为宋代界画中所绘的黄鹤楼，是目前所能看到的历史上最早的黄鹤楼建筑图画。在这幅画中的黄鹤楼，建筑结构十分复杂精巧，全楼建在黄鹄矶高台之上，主楼两层，屋顶为十字歇山式，而主楼四边各有一座一层楼高的歇山顶抱厦，其中朝向江面的一侧为重檐歇山顶。宋代是中国古代建筑发展的一个高峰时期，这一时期的建筑在继承唐风建筑舒展飘逸、线条流畅的特点之余，更加精巧华美，且结构复杂，被梁思成先生称为中国古代木结构建筑的"醇和时期"[2]。宋代的黄鹤楼，是这一时期南方建筑的经典代表，从宋画

---

1 〔宋〕袁说友：《东塘集》卷5。

2 梁思成：《图像中国建筑史》，北京：生活·读书·新知三联书店，2011年，第65页。

图 1-12   古界画中的宋代黄鹤楼建筑形象

中所留下的这一图像中，我们也不难感受到宋代鄂州城这座地标建筑的华美典雅。

在今天的武昌区境内，我们还能看到的唯一的宋代地面建筑，是位于洪山西麓施洋烈士陵园一旁的兴福寺塔，民间俗称"无影塔"。兴福寺始建于萧梁时期，至隋代改名"兴福寺"，佛塔则至迟始建于唐代。根据第一层佛龛内的铭文可知，现存佛塔重建于南宋咸淳六年（1270年），是武汉市现存建造年代最早的古塔。太平天国时期，佛寺被毁，仅有古塔幸存。该塔为实心楼阁式石塔，七层八面，高11.25米，原位于洪山东麓，1962年拆卸迁

图 1-13 洪山无影塔今貌（摄于 2019 年 8 月）

移至现址重建。如今，这座武汉最古老的佛塔，已被列为全国重点文物保护单位。

元朝是武昌古城正式"定名"的时代。元初曾沿袭金朝在地方设"行尚书省"的旧制，后改为"行中书省"。这一机构最初本为中书省在地方的派出机构，但日后成了元代地方上的最高一级行政区划，即所谓"行省"，亦简称"省"，是今日中国"省"这一行政区划名称的最早由来。元朝版图辽阔，行省面积亦较大，元灭南宋后，于元世祖至元十四年（1277年）在南宋原京西南路、荆湖北路、荆湖南路、广南西路的旧地，设立了湖广行省，起初治所在潭州路（今湖南长沙），1281年起移治鄂州。元成宗大德四年（1300年），镇守鄂州的大臣安祐上奏朝廷，认为武昌乃元世祖忽必烈亲征南宋时曾经驻跸之地，"克集大勋"，建议依唐代"武昌军"之旧名，将鄂州正式改名武昌，此议得到了元成宗的认可。[1]1301年，鄂州改名武昌路，治江夏县，继续作为湖广行省的治所。湖广行省面积广阔，包括今天的湖北南部和湖南、贵州、广西、海南等省区，由此，不仅"武昌"作为行政区划和城市之名得以正式确立，且这座古城的政治地位也得到了进一步提升，成为元代整个中南地区的政治、经济和文化中心。

元朝统一全国后，为了巩固其在南宋故地的统治，防止汉人的反抗，便在长江流域推行了普遍的拆城政策，这与北宋时期的状况颇为相似。[2]《元史》

1　参见〔元〕程文海：《武昌路记》，《雪楼集》卷11。

2　参见鲁西奇：《城墙内的城市？——关于中国古代城市心态的再思考》，《中国历史的空间结构》，桂林：广西师范大学出版社，2014年，第356页。

记载，元世祖至元十三年（1276年）十一月，即攻占南宋都城临安后数月，元廷即"隳襄汉荆湖诸城"[1]。两年之后，江州路（今江西九江）官员曾鉴于江淮一带"草寇生发"，上书建议"于江淮一带城池，西至峡州，东至扬州二十二处，聊复修理"，但此议旋被元世祖忽必烈以"无体例"为由拒绝。[2]在元初的这次毁城行动中，鄂州城垣的具体情况尚不得而知，但史料中确实看不到元代对鄂州（武昌）城池进行大规模修筑的记载。可以合理推测的是，元代的武昌城墙，很可能与南宋中期的状况类似，即使城垣尚存，也已是残缺不全的状态了。

关于元代武昌城内外的具体城市状貌，我们只能从有限的史料中窥见一二。元末诗人丁鹤年有诗《武昌南湖度夏》写道："湖山新雨洗炎埃，万朵青莲镜里开。日暮菱歌动南浦，女郎双桨荡舟来。"[3]诗中描绘的武昌南湖风光，与南宋陆游、黄庭坚笔下的景致几无差别。这一时期，武昌城内也有一些新的建设，城东北修建了新的社稷坛[4]，城内的儒学和孔庙也得到了恢复和扩建。元代改鄂州为武昌路后，原鄂州州学也改为武昌路学，不仅得到恢复和修缮，其规模也不断扩充。元代文人程文海于大德四年（1300年）出任江南湖北道肃政廉访使而到武昌时，主持了对武昌路学的一系列修葺工程，"其年冬，郡学礼殿与祠祀之庑、棂星之门，俱一更张，情文粗称；又

1　〔明〕宋濂：《元史》卷9。

2　〔元〕佚名：《大元圣政国朝典章》"工部"卷2。

3　〔元〕丁鹤年：《鹤年先生诗集》卷4。

4　参见〔元〕程文海：《鄂州路新社坛记》，《雪楼集》卷11。

三年,讲堂成,观瞻粗完。"[1]元仁宗延祐四年(1089年)五月至六年十二月间,武昌路学又进行了一次较大规模的修缮扩建工程,时任湖广行省参知政事的元明善在《武昌路学记》曾记述道:"礼殿、东庑、西庑、戟门、仪门、斋庐,为屋五十余间。端大坚致,丹碧藻绘,象设筵帟,皆视仪度,尊豆钟磬,不爽典祀。惟讲堂、经阁诸室,不创而葺。岁丁巳五月肇基,越己未十有二月告成。学后曰'鹄山书堂'者,废而入于豪夺,征剂归公。"[2]元统一后,湖北地区从原本宋蒙对峙的前线,变为内陆腹地,军事地位下降,迎来了"武弛文张"的新时代。而元朝统治者尽管出身于草原游牧民族,但从世祖忽必烈开始即崇尚儒学,重视文教,元武宗时加封孔子为"大成至圣文宣王",这是历代孔子封号中最为世人熟知的一个。在经历了南宋末年的战争洗礼后,武昌在元代重新迎来文教的恢复和发展,经过重新修缮的武昌路学和孔庙,不仅建筑齐备,规模宏大,且"端大坚致,丹碧藻绘,象设筵帟,皆视仪度,尊豆钟磬,不爽典祀",一派威严气象。

　　始建于元朝的武昌洪山宝塔上,还保留有数块元朝大德至延祐年间的塔记,其中提到的几位大德十一年(1307年)捐资建塔的信士,在武昌城内的住址皆在"花蕊门"附近。根据这几方塔记的描述,这座"花蕊门"位于"武昌南城右隅"(即城之西南部),临近"河岸",附近还有一"堤"。[3]根据这些信息,我们大致可以推断,这座"花蕊门"很可能即是平湖门,

1 〔元〕程文海:《武昌路学修造记》,《雪楼集》卷12。

2 〔元〕元明善:《武昌路学记》,《清河集》卷4。

3 参见《洪山寺塔记》,〔清〕杨守敬:《湖北金石志》卷13。

而其附近之堤，应即是后来的"花堤"，也即前文提到的宋代平湖门外的"长堤"。至于"花蕊门"一名是民间俗称，还是元代这座城门的正式名称，则不得而知了。

与宋代一样，元代的武昌城中，亭台楼阁和地标性建筑最为集中之地，依然是在黄鹄山一带。元朝建立之后，黄鹄山上曾建起一座"元兴寺"。根据史籍记载，元成宗大德年间，"今上皇帝嗣承丕绪，孝思祖武，以鹄山乃黄屋临御之地，诏就压云亭故址创建大元兴寺，阐世尊慈悲之旨，以演世祖慈仁之恩。中书右丞相哈孙答剌，时以平章政事开省湖广，承制鼎建，不扰而办"[1]。这座建于黄鹄山压云亭故址处的"大元兴寺"，既是作为忽必烈驻跸鄂州的纪念建筑，也是元朝征服南宋故地，统治湖广地区的一大象征。

除此之外，南宋时期一度仅存废墟的黄鹤楼，在元代再次得到恢复，并重新成

图1-14　近代明信片中的武昌城东郊洪山宝通寺塔（张嵩收藏）

---

1 〔元〕林元:《敕赐汉阳大别山禹庙碑》,〔清〕杨守敬:《湖北金石志》卷14。

图1-15　武昌"元兴寺造"
青砖（张亮收藏）

为黄鹄山上的重要地标性景观。元代前期诗人陈孚曾震撼于黄鹤楼的雄伟，而赋诗歌咏道："巍巍乎黄鹤之楼兮，突起乎天之东南。吾不知其几百尺兮，踞石磴而仰望。眩金碧之耽耽，手扪星汉如可近。"[1] 元末文人余阙也曾歌咏黄鹤楼道："嶕峣黄鹄岭，岿巍构楚材。澄江环画槛，连城抗铅阶。雕衡朱鸟峙，渊井绿荷开。隐见长沙渚，想望阳云台。晴霄一仰止，轮奂信美哉。淮南恍好道，日夕化人来。"[2] 毫无疑问，元代的黄鹤楼是一座体量高峻、气势雄伟的醒目建筑。我们从现藏纽约大都会艺术博物馆的元代画家夏永所作的《黄鹤楼图》中，可以窥见这座江畔名楼的建筑细节。

在武昌古城中保留至今的最主要元代建筑遗存，是原位于黄鹄矶头黄鹤楼前的胜像宝塔。全塔高不足10米，体

---

1 〔元〕陈孚：《黄鹤楼歌》，《陈刚中诗集》"交州稿"卷。

2 〔元〕余阙：《黄鹤楼》，《青阳先生文集》卷1。

图 1-16　元代画家夏永笔下的武昌黄鹤楼
（美国纽约大都会艺术博物馆藏）

量并不雄伟，但因位居江边黄鹄矶高台之上，又与其后的黄鹤楼相映成趣，是明清时期武昌城江边最醒目的地标建筑之一。这座小建筑，曾被民间俗称为"孔明灯"，并附会出一些民间传说故事来。著名建筑学家楼庆西在青少年时代曾到此一游，1947 年尚在中学就读的他路过武昌时，曾登临黄鹤楼故址游览，并记述了当时所见的这座"孔明灯"以及坊间的传说："(孔明灯) 是一个如小塔状的石质建筑物，相传塔内原有一盏永明灯，但后来不知被哪人将这盏点着永久不熄的灯吹熄了，于是这灯从此也不再亮了。大概这传说不过是符合那孔明点押灯求延命的故事而已。"[1]

事实上，此塔确实与诸葛孔明或"长明灯"毫无关系，而是一座建于元代的古塔。清中叶著名学者钱大昕曾到访黄鹤楼，并作诗道："城以依山壮，楼因得地奇。塔仍元代创，枣说古仙遗"，并自注道："楼前有胜像宝塔，题云'大元至正威顺王太子建'。"[2] 据此可知该塔当为元代受封武昌的威顺王宽彻普化之子所建，为一座典型的藏传佛教覆钵式佛塔，也是武汉目前现存唯一一座古代覆钵式塔的实物。1955 年修建武汉长江大桥时，将此塔拆卸，并东移至蛇山高处复建。拆卸迁移时，曾于塔内发现石佛幢一座，铜质宝瓶一个。铜瓶腹部铭文为"如来宝塔，奉安舍利，国宁民康，永承佛庇"，底部落款"洪武二十七年岁在甲戌九月乙卯谨志"，可见其为明初时放入。[3] 胜

1 楼庆西：《黄鹤楼》，《青年世纪》第 2 卷第 6 期，1947 年 5 月。

2 〔清〕钱大昕：《登黄鹤楼怀翁覃豁中允、彭si一编修》，《潜研堂诗集》卷 7。

3 蓝蔚：《武昌黄鹤楼"胜像宝塔"的拆掘工作报道》，《文物参考资料》1955 年第 10 期。

图 1-17　民国时期立于江畔黄
鹄矶头的胜像宝塔（张嵩供图）

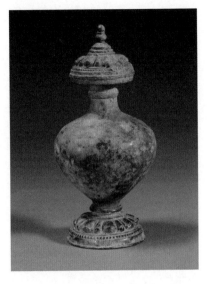

图 1-18　胜像宝塔内出土的明洪武款
铜瓶（湖北省博物馆藏）

像宝塔现位于黄鹤楼公园西门内，其后不远即是新黄鹤楼。虽已不在黄鹄矶原址，但迁移后的宝塔却恢复了与黄鹤楼的位置关系，亦可谓旧景之重现。[1]

1　武汉地方志编纂委员会主编：《武汉市志·文物志》，武汉：武汉大学出版社，1990 年，第 41 页。

武昌府城：湖广的中枢

元朝末年，天下大乱，群雄并起，其中最早称帝的农民军领袖陈友谅，曾以武昌为统治中心建立"大汉"政权。在各路豪强的争霸中，郭子兴部下朱元璋的势力逐渐崛起，先后消灭了陈友谅、张士诚、方国珍等力量。公元1368年，朱元璋在今南京称帝，建国号"大明"，年号"洪武"，明朝历史由此开启。

朱元璋建立明朝后，极力加强帝国的专制集权。他一方面对开国功臣大开杀戒，另一方面将自己的儿子和宗室子弟分封到各地就藩，以巩固朱明王朝的"家天下"。在其称帝前的1364年，朱元璋亲征在武昌的陈友谅之子陈理，最终迫使其投降献城。当时朱元璋驻扎在城东南的梅亭山一带，此时恰逢佳讯传来，妃子胡氏生下了朱元璋的第六子朱桢。朱元璋闻此喜讯，当即决定"子长，以楚封之"。洪武三年（1370年），朱桢正式受封楚王，封地即武昌城。

由于楚王的分封和就藩，明代武昌城的地位更加重要，而正如前文所述，元代很可能已拆废武昌城垣，因而明初重新修筑一座与封国王都地位相匹配的城垣，已是必然之举。在明朝开国功臣江夏侯周德兴的主持下，在朱桢就封楚藩的次年，即洪武四年（1371年），武昌开始了规模浩大的城垣营建工程。这项历时十年方才完成的建设工程，其成果便是此后数百年间巍然屹立的明清武昌城。

　　楚王就藩和楚王府的建造，是明初武昌进行大规模城垣扩建的主要原因。在唐宋时期，鄂州城的主要城区位于蛇山以北，山南沿江一带的南草市等地虽然十分繁华，但乃是位于城墙之外的近郊地带。明代楚王府选址蛇山南麓，势必需要对城池进行南拓。据《湖广图经志书》记载："本朝洪武四年，江夏侯周德兴因旧城增筑之。城周围三千九十八丈……门曰大东、小东、新南、平湖、汉阳、望山、保安、竹簰、草埠，共九门。"[1] 明代的这次筑城，大约在蛇山以北部分较多地因袭了宋元以来的城墙旧址，但在蛇山以南的部分，则较此前的鄂州城有了很大拓展。经过这次大规模筑城运动后，武昌城的南面城墙南拓至巡司河北岸，将宋代的南湖和南草市一带圈入了城内，蛇山也被整个囊入城中，而墩子湖、长湖以东的广大荒野地带，同样也被圈入城中。由此，明代武昌城墙的总长度超过了十公里，是这座古城自肇建以来规模最大、周长最长的一座城垣，而城门数量也增加至九座之多。

　　明代是中国古代砖石建筑技术空前发达的一个高峰。在这一时期，由于烧造工艺的进步，砖瓦成了一种可以大规模生产且较为廉价的建筑材料。而在此基础上，明代的砖石建筑建造技术也得到了进一步发展，这使得全国各地大规模建造砖城成为可能。另一方面，明朝开国皇帝朱元璋，早在元末农民战争时期，就特别推崇"高筑墙"政策，明朝建国后，各地积极修筑城

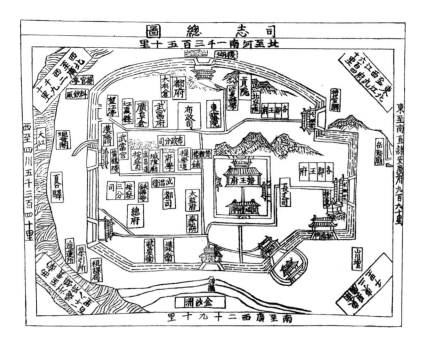

图 1-19　明嘉靖《湖广图经志书》中所载 "司志总图" 中的武昌城

池也成为最高统治者的一种治国策略。明王朝不仅在帝国的北疆修筑了西起嘉峪关、东至山海关的万里长城，在内地各府州县，也纷纷建造了规模胜过前代的包砖城墙。明初的首都南京，仅京城城墙即长达 35 公里以上，共耗费约 3.5 亿块城砖，而外围的外郭城墙更是长达 60 多公里，整个城垣工程动用了全国 28 万人力兴建，堪称是世界古代城市中的城墙规模之最。而在明代各省会城市和府城，长度 10 公里以上规模的砖城也比比皆是，如西安府城周长约 13 公里，太原府城周长约 12 公里，成都府城周长约 11 公里等。

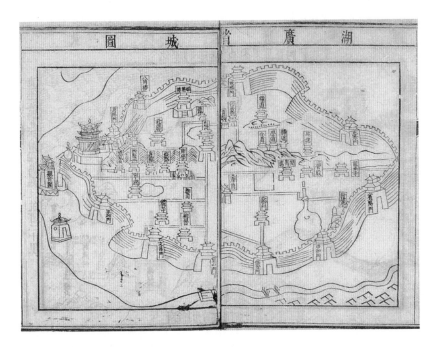

图 1-20　清康熙《湖广通志》中的武昌城池图

在这其中，武昌城也是这一时期全国各地建造的有藩王就藩的府城中的经典代表。从晚清的历史照片来看，武昌明城墙全部建有砖砌垛口，城墙外侧和顶部包砖，内侧部分段落包砖，部分段落为夯土斜坡。全部 9 座明初所设城门均建有瓮城，城外从万年闸顺时针至平湖闸，还有一道宽窄深浅不一的护城河环抱。而城墙本身则依山就势，多段建在丘陵山岗之上，居高临下，蔚为壮观。明嘉靖十四年（1535 年），御史顾璘主持对武昌城垣进行了一次修缮，同时对部分城门的名称进行了变更，草埠门改为武胜门，小东门改为忠孝门，大东门改为宾阳门，新南门改为中和门，竹簰门改为文昌门。[1] 这些城门名称，在清代亦得到沿用。

在明末的战乱中，武昌城遭到了严重破坏，不仅楚王府、金沙洲等地被付之一炬，城内居民遭到大量屠杀，城垣建筑也受到了损毁。从晚清民初的老照片来看，武昌城墙各城门门楼的建筑造型，与明代各地府城普遍的建筑规制和风格颇不一致，显得较为简陋，缺乏作为明初藩王王城的气势，这些城楼建筑，与明代的原貌势必相去甚远。不过在清代，地方政府还是对武昌城垣进行过多次修缮和加固。如乾隆四十三年（1778 年），湖北巡抚陈辉祖曾向朝廷上奏，汇报武昌城垣多处倒塌崩裂，城楼朽坏倾圮的状况，并奏请修缮之。在这份奏折里，陈辉祖还提到在此前的乾隆三十二年（1767 年），武昌城垣还曾"因马墙、垛口坍塌，经前抚臣程焘题请修补"[2]。可见在清代，对武昌城垣的加固和修缮一直在进行中，这才使得这座绵延十公里的宏伟城池，得以历经数百年岁月而一直保存至民国时期。

明代的武昌城，除了是楚王就藩的"国都"以外，还是湖广省城、武昌府城以及江夏县城，这三级行政区划的各类大小官衙、儒学等建筑也都集中分布在武昌城内。明代在省一级设有"三司"，即承宣布政使司（简称布政司或藩司）、提刑按察使司（简称按察司或臬司）、都指挥使司（简称都司），分别掌管一省行政赋税、司法驿传和军事事务。明代湖广藩司衙门位

1　明嘉靖《湖广图经志书》卷 1。

2　《湖北巡抚臣陈辉祖跪奏为请修省会城垣以资保障事》，乾隆四十三年十月二十三日，清代军机处档折件，021430，台北故宫博物院藏。

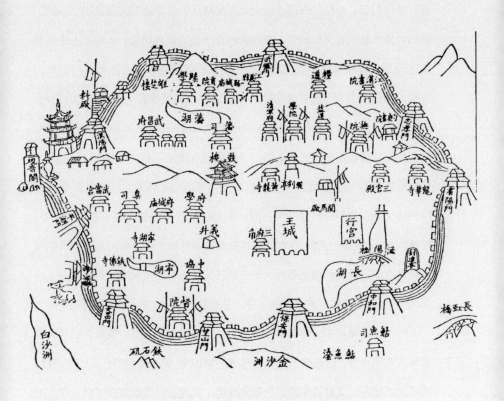

图 1-21　清乾隆《江夏县志》中的武昌府、江夏县城池图

于蛇山以北，南面正对长街和鼓楼，其后的湖塘也因之得名"司湖"，南边大门口则形成地名"司门口"。清代两湖分治后，湖北藩司仍设于该处，民国时期的湖北省政府也曾长期设于此处。臬司衙门位于平湖门内，黄鹄山南麓，清代仍旧，至民国时期改为湖北省财政厅，其旁边的附属花园"乃园"，民国后并入蛇山首义公园中。都司衙门位于武昌城西南部，入清后由于军事制度改为八旗和绿营，明代的都司、卫所皆已废除，因而都司衙门也不再存在，不过原来衙门所在地旁边的湖塘，至今仍保留有"都司湖"的地名。武昌府和江夏县两级衙门，明初本沿用宋元旧署，其中武昌府衙在藩司西侧，江夏县衙在鼓楼东南的蛇山南麓。但随后因营建楚王府，县衙迁往城北汉阳门内靠近城垣处的新址。入清以后，武昌府衙仍在原址，江夏县衙则又移往城南文昌门内原明代总兵府一带。此外，清代继承和发展了明代的总督、巡抚制度，督抚权力进一步加大，成为事实上的地方最高权力长官。清朝在武昌设有湖广总督和湖北巡抚，其中巡抚衙门最初沿用城西北角凤凰山下的明代旧址，后迁往武昌城北的胭脂坪。总督衙门则位于城西南角的望山门内。

　　古代中国城市中，与文教、科举相关的建筑自成一系，发展至明清时期日臻成熟和规范。这些文教建筑在各省会城市中，往往是占地广袤的建筑群。明清武昌城内，文教科举建筑包括武昌府、江夏县两级学宫和文庙，湖北提督学院衙署，湖广（湖北）贡院和其他众多书院等。明代的武昌府学沿用宋代鄂州州学和元代武昌路学原址，在弘治年间由湖广左布政使张公实主持，进行了一次大规模修缮扩建。明代大儒李东阳为之作有《武昌府学重修记》一文，其中详述了此次修缮的具体情况，以及当时武昌府学、府文庙的建筑

图 1-22 清末武昌城内的湖北巡抚衙门全景

（Church of Scotland Slide and Visual Collection, CSWC47/LS1/50, Centre for the Study of World Christianity, School of Divinity, The University of Edinburgh, UK.）

布局情况：

武昌旧有学，在府治东南，北直布政司。盖自宋庆历建学时已有之，而重建于国朝正统间，久寝颓敝。今天子嗣位之初，湖广左布政使张公公实莅政于兹。间以月朔，偕藩、臬诸公谒庙至学，感而言曰："夫学舍至此，吾辈之责也。"谋于巡抚都御史郑公、巡按御史史公，请新之。乃发官帑，得赢资若干两，曰："此足吾用。"借民之有力者若干辈，曰："此任吾役。"又简其官属之贤者数人，曰："此办吾事。"刻日就役，撤明伦堂之旧而新之，为间五，其崇三丈。直前为绰楔，题曰"礼义"；其后建小台，名曰"望鲁台"；后为一亭，曰"仰高堂"。左右四斋，为间皆三，而两翼各增其一。东斋之后，广学官之廨，曰"履素"；西斋之后，为斋沐之所，曰"精白"。又西为会馔之堂。又西为号房，房八联，以间计者百四十。惟孔子庙规制宏伟，不敢轻议兴革，乃饰其垣楯，增堂之高数寸，前其池，楯其四旁。又前有戟门，为扉六，其东为神厨，西为神库。又于大门之外为堂，曰"聚德"。又南为方桥三，中为神道，左右为通衢。经始于弘治己酉之冬，暨庚戌之秋而成。其始则材石山积，工徒鱼贯，旁午交错，莫知所定。既其成也，金碧鬃坒，靖嵘绚烂，离立交映，蔚为巨观者，殆不知其所繇致也。[1]

清初时，府学多次得到修缮。雍正十年（1732年）时，"即明伦堂旧址改建崇圣祠，拓学西地建明伦堂，迁名宦祠于大成门左，乡贤祠于大成门右。置文武官舍于左右之下，又于棂星门左右添设戟门"[2]。至此，武昌府学的建筑布局乃最终确定。咸丰时期，其一度毁于太平天国战乱，随后湖广总督官文和湖北巡抚胡林翼又曾"率邑人重修"[3]。这座文教建筑群位于武昌府城

1 〔明〕李东阳：《武昌府学重修记》，《怀麓堂集》卷33。

2 民国《湖北通志》卷55。

3 民国《湖北通志》卷55。

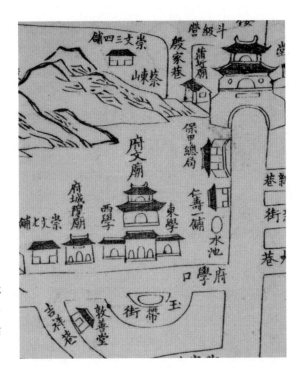

图 1-23　1883 年《湖北省城内外街道总图》中的武昌府文庙及东西两路学宫

中部偏西处的黄鹄山南麓，南临玉带街（今大成路），西邻府城隍庙（后改为武当宫），东临长街（今解放路）。庙学依山而建，地势由南向北逐渐抬升。其中路为府文庙，两侧分别建有东、西两路府学，整体格局方正严整。其中府文庙部分，依照明清以来中国地方城市孔庙建筑的惯例，依次布置有万仞宫墙、棂星门、泮池、大成门、大成殿、崇圣祠、乡贤祠、名宦祠、射圃等建筑，是一座格局典型、配置齐备的府学、府文庙建筑群。

　　万仞宫墙、棂星门和泮池，是我国古代孔庙建筑中入口部分的三大核心建筑，这在武昌府文庙中也有非常规整的布置。棂星门是孔庙的正南门，为唐宋时期建筑形式"乌头门"的沿袭和变体，是一种类似牌坊式的门楼建筑，常用于孔庙和坛壝等礼制建筑中，作为孔庙正门的棂星门，通常为三开间，但也有五开间或两侧再设小门的案例。从清初修缮时"于棂星门左右添设戟门"的记载看，清代武昌府文庙棂星门的规模应该不小，体现出作为省会府城文庙的不凡气派。在棂星门南面，还建有一座照壁，即所谓"万仞宫墙"。"万仞宫墙"这一名称语出《论语》中子贡的"夫子之墙数仞，不得其门而入，不见宗庙之美，百官之富。得其门者或寡矣"一语，本是子贡以"宫墙数仞"比喻孔子德行的高远，儒学的博大精深，后人增改为"万仞宫墙"，以示对孔子的崇敬。泮池则是孔庙前的水体空间，其渊源可溯自鲁国的泮水。明清时期武昌府文庙在棂星门和大成门之间建有半圆形泮池，其上建有一座泮桥，但同时在棂星门以南，也掘有一座水池，可视为文庙的外泮池。泮池之后，则是府文庙的主体建筑。正门为大成门，其两侧建有乡贤祠和名宦祠。入门后即大成殿，再后为崇圣祠。崇圣祠是自明代中后期开始出现，到清代最终确定的一个孔庙序列中的新建筑，用以奉祀孔子五代祖先，可视作"祧庙"。武昌府文庙崇圣祠建于府学明伦堂原址，从晚清时期的地图中可以看出，这座建筑占地面积广阔，超过了大成殿的面积，且位于整个文庙最北端，地势最高，是清代武昌府文庙中最雄伟的建筑之一。

至于江夏县庙学，则位于城北凤凰山南麓，北面依山而筑，南抵青石桥街，东面紧邻湖北贡院，西北与雄楚楼相接，西南侧以黉巷为界，总平面为南北狭长形。其南部结构与武昌府学类似，由南往北依次为万仞宫墙、外泮池、棂星门、内泮池、大成门、大成殿、明伦堂、启圣祠。明伦堂东西两侧，是县学的东斋和西斋。而县学的其他号舍、官廨等建筑，则集中布置于文庙的东面。这一路学宫建筑，在南面另有独立的头门，其内还建有"文明重地"牌坊一座。与武昌府文庙东西两侧对称建有两路学宫的布局不同，江夏县学为左学右庙格局，而明伦堂和斋舍等学宫建筑，则又布置在孔庙一路上，其庙学分界并非截然。除此之外，在这组建筑群中，还建有忠义孝悌祠、土地祠、敬一亭、节孝祠、四贤祠等建筑。

遗憾的是，明清武昌府和江夏县的学宫文庙建筑都没有保留下来，今天已难觅其踪。不过昔日武昌府学门口的马路，今天仍名为"大成路"，这一路名是取自孔子"大成至圣文宣王"之封号，及文庙"大成殿"之名，也可视作早已消失的武昌文庙的无形遗迹了。

图 1-24　今日武昌大成路

　　武昌北城有一条名叫"三道街"的东西向道路，其得名"三道"，是因为清初这里并排分布着三个被简称为"道"的衙门，即盐驿道、提学道、武昌分守道。这其中的提学道，清康熙四十一年（1702 年）改称提督湖广学院，其长官为"提督学政"，或称"提督学院"，也简称"学政"。清代的提督学政是朝廷派遣到各省主持三年一次的科举"院试"考试，并管理该省学校事务，督查各地学官的官职，可视为是当时主管一省文教事务的最高官员。湖北提督学政衙门在明代几易其址，清康熙十七年（1678 年），"学道蒋永修于胭脂山南前所营守道署左修建，又购民舍拓之"。因为这一衙门既是学道办公场所，同时也是武昌府的院试考场，故而到了康熙三十四年（1695 年），"学道岳宏誉增置考棚"。至康熙四十一年（1702 年），改学道为提督学院，地位进一步提升，其衙署大门也进行了改扩建，"特于署门外增置鼓棚、牙旗"[1]。在当时的政治制度和行政体系中，提督学政是位阶较为尊崇的中央派遣官，比布政使、按察使等地方官的地位更高。从其衙署门前的"鼓棚牙旗"，不难想见当时这处经过改扩建后的衙门，在三道街上是最为气派威武的一处。

　　至晚清同治八年（1869 年）张之洞出任湖北提督学政时，对此处衙门又进行了一次较大规模的修缮扩建。此前这组建筑群因咸丰年间爆发的太平天国战争而遭到严重损毁，刚刚得以修复，而张之洞则进一步"圈购民基，展拓考棚，在藩库支款，委武昌府知府监修"[2]。不仅如此，他还在学院

1　民国《湖北通志》卷 26。

2　民国《湖北通志》卷 26。

衙门西侧的文昌阁处修建了一座新的书院，取名"经心书院"。[1] 此时的张之洞，在仕途上刚刚起步不久，尚未成为日后的"洋务殿军"。同治年间，他先后担任浙江、湖北、四川三省学官，掌管科举事务成为他官场生涯的起点，这冥冥之中似乎注定了他与近代中国教育变革的不解之缘。

古代方志中虽然把孔庙旁的学宫称为"学校"，但其与近代教育中所说的学校，事实上有很大区别。想要进入府、州、县学，要先通过"童试"，取得"生员"资格，也就是俗称的"秀才"，这是古代中国成为"读书人"的第一道门槛。各地的府、州、县学，事实上是科举制度中的基层组织。国家层面的正式科举考试，分为三级，即乡试、会试和殿试。乡试为省一级考试，地点在各省省会，每三年举行一次，考期在农历八月，故又称"秋闱"。参加乡试者，大部分是各府、州、县学的生员，此外也有国子监监生，其考试地点，正是建于各省省城内的"贡院"。乡试考中者称"举人"，他们在第二年农历二月，可前往参加在京师贡院举行的会试，即所谓"春闱"，考中者称"贡士"，当年即参加在宫中由皇帝亲自主持的"殿试"，经殿试合格后称为"进士"。

在这一层层选拔的考试制度中，武昌作为明代湖广、清代湖北的省城，历来都是乡试的举办地，因而武昌贡院便是明清时期为国取士的重要场所。据方志记载，明清两代的武昌贡院皆位于城北凤凰山南麓，西侧毗邻江夏县文庙。贡院内绝大部分地方，都是联排的"考棚"，也称"号舍"，即乡试考

1　民国《湖北通志》卷 58。

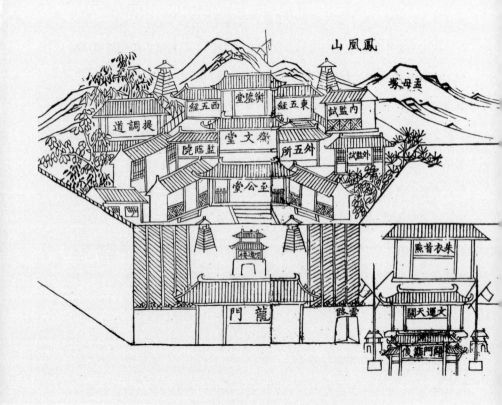

图 1-25　清乾隆《江夏县志》中的湖北贡院图

场，其中分割为一个个小考间，并依照《千字文》编号，考试期间考生就在里面答题写作。考场中央建有"明远楼"，是建在高台之上的一座楼阁建筑，其功能是考试时的"监考楼"。在中轴线北端正中建有"至公堂"，是主考官主持考试的地方，其后还有"衡文堂""衡鉴堂"等建筑。在南边大门外的贡院前街（今楚材街）上，还建有一座牌楼，正反两面分别写有"辟门吁俊"和"惟楚有才"四字。其南门前的道路，清代名为"东卷棚街"和"西卷棚街"（今名火炬路）。

除了城内这些王府、官衙、庙学、贡院等建筑外，明清武昌城内还有若干亭台楼阁，既是古代城市的公共建筑，承担一定的城市功能，又兼为风景名胜和游憩地。如藩司前的钟鼓楼，建于蛇山山坳处的隧洞之上，宋元时期即已建谯楼于其上。明初曾在谯楼旧址修葺重建，但旋因楚王府营建，此处紧邻王城萧墙和王府后山禁苑，"藩议弗协，未久而废"，直至一百多年后的弘治年间，湖北布政使才与楚王达成谅解，在原址恢复了钟鼓楼，并命名为"楚观楼"。[1]此楼在清中叶以后，又改名为"南楼"，但其实并非宋代黄鹄山上曾经的"南楼"旧址。钟鼓楼内安置有钟鼓，其每日所敲击的"晨钟暮鼓"之声，是古代中国城池中的重要信号，控制着城门的开闭，昼夜城防的轮替等，而其下凿通蛇山的山洞，在清末修成武昌路隧道以前，也是城内唯一不用爬山的南北通道。

由钟鼓楼往西的黄鹄山上，自唐宋以来即亭阁林立，是城中名胜之地。

1　〔明〕李东阳：《楚观楼记》，《怀麓堂集》卷67。

图 1-26　乾隆武昌城池图中的蛇山钟鼓楼
（清代军机处档折件，021268，台北故宫博物院藏）

虽然其间的亭阁几经战乱，大多毁损湮灭，但在明代又多有恢复和新建。可以说，黄鹄山在明朝依然是武昌城中亭台楼阁云集，文人墨客登赏江山的主要游憩地。虽然宋代黄鹄山上最宏伟的楼阁建筑——南楼已不存在，但涌月台、仙枣亭、压云亭等建筑依然矗立。当然，明代黄鹄山上最负盛名的，还是江边黄鹄矶上的黄鹤楼。关于明时黄鹤楼建筑的具体情况，亦可从明代画作中窥见。现藏于上海博物馆的一幅《黄鹤楼图》，画家相传为安文正，图中的黄鹤楼仍为两层，重檐歇山顶。其南北两侧出有抱厦，平面呈"中"字形，与元代黄鹤楼类似。北京故宫博物院馆藏的宋旭《山水名胜册》中，亦有一幅黄鹤楼画，画中的黄鹤楼虽只是简笔略绘，但也可见

图 1-27　上海博物馆藏明代《黄鹤楼图》

其大略结构，亦为主楼两层重檐歇山顶，南北两侧出有抱厦。[1]安文正为明初洪武时人，宋旭则为晚明万历时画家，而两画中黄鹤楼的建筑形态皆与元画接近，为两层重檐歇山顶建筑。此外，约为永乐年间编撰的《大明玄天上帝瑞应图录》一书中所绘《神留巨木图》，亦较为精细地描绘了永乐时期武昌黄鹤楼、胜像宝塔、汉阳门一带的景观，图中的黄鹤楼，建筑形态亦与前述两幅画作基本一致，为一典型官式建筑。可见黄鹤楼在明代虽仍屡毁屡建，如嘉靖末年曾毁于火灾，隆庆五年（1571年）重建，崇祯十六

---

1 〔明〕宋旭：《山川名胜图》，故宫博物院藏，新 0092579-9/10。

图1-28　故宫博物院藏宋旭《山水名胜图册》中的黄鹤楼

（故宫博物院数字文物库网站）

图1-29　《大明玄天上帝瑞应图录》中的黄鹤楼

（明《正统道藏》洞神部记传类）

年（1643年）又毁于战乱[1]，但已有相对稳定的建筑形态，在重建过程中得以沿袭。

值得注意的是，永乐《神留巨木图》和安文正《黄鹤楼图》中的黄鹤楼建筑形态，无论整体造型还是斗拱、檐兽等细节，都展现出鲜明的明代官式建筑风格形态，这无疑透露出明代黄鹤楼不同于一般民间建筑的不凡建筑等级和身份。这种建筑形态进一步暗示了黄鹤楼在明代的营建和修缮，与楚王府有着密切关系。

清初，黄鹤楼的建筑形态再次发生较大改变。据史料记载，顺治康熙年间，黄鹤楼曾两次重建。在康熙《湖广通志》、雍正《湖广通志》、乾隆《江夏县志》，还有前面提到的乾隆四十三年湖北巡抚陈辉祖奏折所附的《武昌城垣图》中，均可见康雍乾时期黄鹤楼的图画。特别是陈辉祖奏折所附之图，绘图工笔精细，建筑细节较为详细准确，此图中的黄鹤楼，为三层攒尖顶，复杂多边形平面结构的建筑造型，与元明时期的歇山顶两层楼阁造型已迥然不同。以后清代的历次黄鹤楼重建，包括今天唯一能看到照片的晚清同治黄鹤楼，皆沿袭此楼形制。清代黄鹤楼虽然较之明代层数加高，但建筑形态显得较为单一僵直，且不再为官式风格。值得一提的是，在此前的乾隆十五年（1750年），乾隆皇帝在北京西郊正在营建中的清漪园（颐和园前身）昆明湖南湖岛北岸，建造了一座名为"望蟾阁"的三层阁楼，这座望蟾阁正是模仿武昌黄鹤楼而建。从清宫画卷中所见的望蟾阁建筑形制来看，这座三层阁

1　清乾隆《江夏县志》卷15。

图 1-30 乾隆四十三年陈辉祖奏折所附《武昌城垣图》中的黄鹤楼

（清代军机处档折件，021268，台北故宫博物院藏）

楼与武昌黄鹤楼确实十分相似，也是三层多边形攒尖顶，四面屋顶皆有抱厦，只是将整个建筑风格和装饰图案换成了更为华丽气派的皇家官式建筑做法而已。遗憾的是，这座移植到北京皇家园林里的"黄鹤楼"，在嘉庆年间因地基下沉而被拆除，原址后改建为单层的涵虚堂。

由上述文献材料可见，黄鹤楼的建筑样式，在清代已经形成定制，尽管其间也经历了多次的毁坏和重建，但建筑造型始终未有大变。历史上最后一座建于黄鹄矶原址的木制黄鹤楼，是清朝在平定太平天国暴乱后，于同治七年（1868年）所重建的。然而，这座同治楼却仍难逃历史上黄鹤楼屡次被毁的命运，不幸地成了一座短命的建筑：在其落成后仅15年，便于1884年秋天再毁于火灾。作为天下名楼，黄鹤楼被毁引起了全国媒体的关注，《申报》对此次火灾进行了详细报道，《点石斋画报》也配上了栩栩如生的《古迹云亡》图，描述这次火灾的景象。黄鹤楼这次被烧毁，完全是池鱼之殃：原本是楼下汉阳门外张姓骨货作坊失火，当天北风强劲，火星被吹到了黄鹤楼上，不到半小时，熊熊大火中的黄鹤楼便向南倾倒，化为灰烬。

有清一代，黄鹤楼屡毁屡建，史称"火经三发，工届八兴"。地方政府和士绅对于修筑黄鹤楼如此执着，诚如湖北学人王葆心所说，"兹楼之一兴一废，而国家之兴败，人心之悲愉系焉"。黄鹤楼的存在，俨然已成为国运昌隆的象征。因此，修复仅十余年的黄鹤楼再度被毁，对于湖北地方知识分子而言，自然是一种难以接受的失落，这也是促使同治年间黄鹤楼重建的原因。然而到了光绪年间，大清帝国已是风雨飘摇，重建黄鹤楼也成了遥不可及的梦幻。清末湖广总督张之洞任上曾一度计划在汉阳铁厂铸造一个纯金属

图 1-31　近代明信片中的同治黄鹤
楼影像（张嵩收藏）

图 1-32　1983 年重建的新黄鹤楼
（摄于 2019 年 4 月）

的黄鹤楼，以永绝火患，但这一计划未能得以实施。

在清代的武昌城中，大小园林的兴建也是城市景观一大特色，这其中既有私家园林，也有官衙、书院等建筑所附属的园林，较为知名的园林包括乃园、寸园、憩园等。乃园位于黄鹄山南坡，原是清代湖北提刑按察使司衙门（臬司）的附属花园。晚清时园中建有四忠祠、学律馆、七曲廊、见江亭、鹤梅堂、高观台、西升台、跻绿亭等园林建筑，山下掘有水池，名为"竹池"，池中有假山和小亭，并有小桥与岸相连。[1] 憩园是湖北承宣布政使司衙门（藩司）的后花园，此园南与藩司衙门相接，北濒司湖，大致呈方形，园中北侧堆有一小丘。该园自晚清以来曾多次修葺重建，如光绪三年（1877 年）湖北布政使潘霨就任后，曾对该园进行了修葺，将小丘南面掘出一池，并在

图 1-33 晚清《乃园图》(王昌藩主编:《武汉园林 (1840—1984)》, 内部出版, 1987 年)

山丘之上筑亭, 取名"适成亭"。该山亭"居高临下, 其势翼然, 篱落帘栊, 掩映左右, 又有绿树浓阴, 绕檐遮护, 远望之, 与南楼相控引焉"。[1] 至光绪二十二年(1896 年), 时任湖北布政使王之春又再对此园进行修茸, 并命名为"憩园"。他还为之作有《憩园记》一文,详述其中建筑和园林景观的状貌, "凡山水之所有奇情美态, 尽就踏踔于予之园亭"[2]。遗憾的是, 这些曾经精巧幽美的园林, 如今都已消失无存了。

1 〔清〕潘钟瑞:《鄂行日记》,《香禅精舍集》卷 13。

2 〔清〕王之春:《憩园记》, 转引自蔡华初:《千年刻石话遗珍: 武汉地区摩崖石刻调查》, 武汉: 武汉出版社, 2015 年, 第 38 页。

第二章

砖瓦的城

城兹山川：地理形势与武昌城池

作为一座曾经存世 450 余年的古城，也是武汉地区历史上规模最大、距今年代最近的一座古代城池，明清武昌城留下的历史信息相对前代的郢州城、鄂州城而言更为丰富，对今天武昌城市格局和历史文化的影响也更为深远。虽然这座明代始筑的古城垣，在民国时期已几乎被完全拆毁，但借由历史文献、老地图、老照片和今天依然存在的若干历史遗迹，我们依然可以对这座曾经的古城进行一番细致的探究，还原武昌城垣曾经的历史面貌。

与长江以北一马平川的汉口不同，地处江南的武昌，境内除了大大小小的湖泊以外，还有众多延绵起伏的低矮丘陵。这些丘陵大都呈东西走向，由长江边起，向东掠过东湖南岸，延绵至葛店、左岭一带渐止，其中包含有洪山、珞珈山、喻家山、磨山、九峰山等众多山峦。虽然它们形势并不雄峻，高度普遍较低，但在整个武昌地区范围内，这一系列山脉仍然是地势最为突出的天然山体。

事实上，从郢州城、鄂州城的时代开始，城垣的选址就已经体现出充分利用天然山体的布局思路：正如前述，郢州及鄂州子城的南墙，正是建在蛇山（黄鹄山）之上，而外郭的部分城垣，也顺着山势向东延展。及至明代，武昌城虽已将整个蛇山完全纳入城垣以内，但在城垣走向的选择上，仍然对

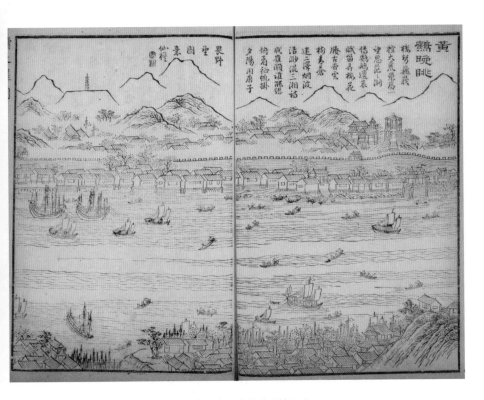

图 2-1　清代嘉庆二十四年（1819 年）版画中的武昌城远眺

（〔清〕张宝：《续泛槎图》，羊城尚古斋刻本）

蛇山进行了最大限度的利用。从老地图中我们可以发现，武昌城墙东南段向北过宾阳门后，爬上了蛇山东山头，并在山顶建有一个突出的敌台，作为一处军事守备点和瞭望点。不过，这段城墙随后并没有继续向北直接下山，而是突然拐弯 90 度，沿着蛇山山脊折向西边，延绵约 500 米后，再北折下山，直达忠孝门。城墙在蛇山上的这两次折角，使得武昌城北半部的东西宽度明显小于南半部，山北忠孝门的位置较之于山南宾阳门，也明显后缩。造成城

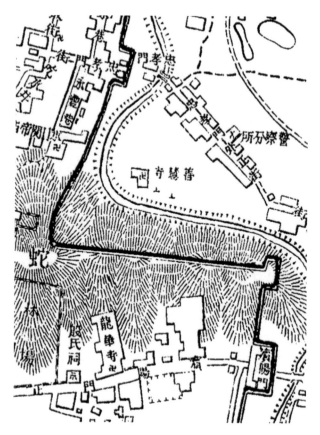

图 2-2　1922 年湖北陆军测量局制《武汉三镇街市图》中的武昌城墙宾阳门至忠孝门段走向

墙这一反常走向的主要原因，是因为蛇山东山头以北地区地势较低，濒临沙湖向南伸出的湖汊，因而城墙不得不向西后撤。但另一方面，经过这样的两次折角后，武昌城墙在蛇山东段山脊上延绵了一里之长，这一段山巅城墙，居高临下，视野开阔，易守难攻，不仅进一步增强了东山头敌台的守备力，而且事实上构成了对忠孝门外正街的保护，也进一步增强了忠孝门及其周边地区的防卫。

此外，经过大幅拓展后的武昌明城墙，在南北两端也充分利用了天然山势。城垣的北墙，在雄楚楼以东爬上凤凰山，向东过武胜门后，又爬上了螃蟹岬这一城北最主要的天然山脉。城墙在螃蟹岬山脊上，顺着山势一路蜿蜒向东，直至东山头山势将尽处才折向南边。通过对凤凰山、螃蟹岬两座天然山体的利用，武昌城的北城墙几乎全部都被山势托起，不仅雄伟坚固、

图 2-3　清末老照片中武昌城北螃蟹岬山上的城墙（Yale Divinity School）

易守难攻，更隔绝了武胜门外濒临城垣的沙湖，使墙基免受夏季洪水的侵蚀，有效避免了水患。城垣的南部，原本濒临白沙洲、巡司河、晒湖一带，地势较低，缺少天然山体，仅在紫阳湖东南面有一座低矮的丘陵"梅亭山"。对于这座不可多得的小丘陵，武昌明城墙也进行了充分利用，将城垣东南角定于此山，并将东南角至中和门的一段城墙，依托梅亭山山体进行了抬高。可以说，武昌明城墙在走向上，对沿途的天然山体，均尽可能地进行了利用。这种做法不仅抬高了城墙的高度，使其更加易守难攻，也节省了建筑材料，使得城墙本身在消耗较少夯土和砖石的情况下，就可以获得高大坚固的城防效果，可谓一举多得。

如果说利用天然山体依山就势，以增加城垣的坚固性和守备性，尚仍只是在城墙本身做文章的话，那么在此基础上，武昌城墙还结合自然地理特点，对城墙外围的天然水域进行了充分利用，从而大大拓展了城垣的防御纵深，进一步增加了城防的安全性。

长江自三峡以下，在湖北境内的南北两岸，孕育了星罗棋布的无数大小湖泊。其中地处江汉交汇之处的武汉三镇，湖泊分布又尤为密集，号称"百湖之城"。可以说，襟江带湖、大泽环抱的地理气势，是武汉三镇所共同具有的天然基因，武昌自然也不例外。明清武昌城墙在选址布局过程中，对这些天然水域也进行了充分利用，它们共同构成了武昌城防体系的最外围，是武昌城周边第一道天然的"城壕"。

武昌明城墙的外围，西面濒临长江，南面隔巡司河与白沙洲相望，这一大一小两条河流，是城垣西面和南面外围的天然护城河，而城墙的北面和

图 2-4　清末武昌城江岸一带冬季景象。每当汛期来临，石砌护岸以下的地方都将被江水淹没（William Barclay Parson, "*An American Engineer in China*", New York: McClure, Phillips & Co. 1900.）

东北面，曾经是水域浩渺的沙湖。沙湖是武昌城郊外的众多湖泊中距离城垣最近的一个，尽管今天的沙湖与历史上相比已萎缩了不少，但从航拍照片等历史图像中可以看出，直到二十世纪六七十年代，湖的西南岸还是几乎直抵城垣所在的螃蟹岬北麓的。沙湖的形状呈大致与长江平行的长条形，其西南面除了直抵螃蟹岬北麓，接近武胜门以外，还在螃蟹岬东面向南伸出了一个湖汊，直抵长春观北面的忠孝门外正街。因此，沙湖事实上在外围以"V"字形环抱了武昌城东北面，是从武胜门到忠孝门段城墙外的一处面积极为广阔的天然水屏障。另一方面，在城墙的东南面，还有晒湖和莲花湖。历史上的晒湖也曾经是一个水域面积广阔的大湖，今天的武昌火车站以东，武珞路以南，丁字桥路以西，雄楚大道以北的范围内，几乎都曾是晒湖的水域。该湖向南有一连通渠，在长虹桥一带汇入巡司河，由此串联起从巡司河口鲇鱼套向东向北直至宾阳门外傅家坡一带的另一条天然"水弧"。上述一南一北两片水域，加上西面的长江，从外围几乎完美地环抱了整个武昌城墙，只在东面宾阳门外的长春观、傅家坡一带，和北面武胜门外的积玉桥一带留有两处陆桥。显然，武胜门和宾阳门在武昌城墙的所有城门中，地位尤其重要，是陆上进出城墙的两个要冲，也正因为如此，这两个城门在设计建造时，在守备性和交通性上都有特别的考虑，其瓮城面积是所有城门中最大的，而宾阳门的门洞尺寸也大于其他城门。

中国古代城池的规划建设，往往都与水有着密切联系，在水乡泽国的长江中下游地区更是如此。对于大江大湖的武昌而言，水对于这座城的意义，显然并不只是在城墙之外充当防御屏障。水在此更穿过城墙，由城内湖渠串联起贯通的网络，延展成城池内部的水脉。这一穿城过街、内外贯通的湖渠水系，直到清末民国时期武汉的老地图中，仍可以清楚地看到。

由于蛇山在古城中部东西横亘，形成天然阻隔，因而武昌城内的水系也以蛇山为分水岭，形成南北两个各自独立的水网。蛇山以北，山丘起伏，城内大部分地区地势较高，只有在西北部湖北藩司衙门后有一个较大的湖塘，该湖因毗邻藩司而得名"司湖"。湖的西边有一连通渠向西蜿蜒，最终经城

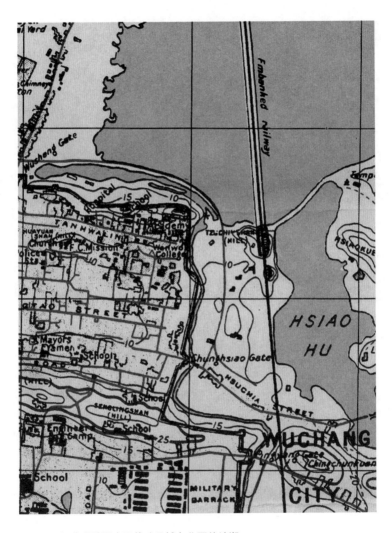

图 2-5　近代老地图中环抱武昌城东北面的沙湖

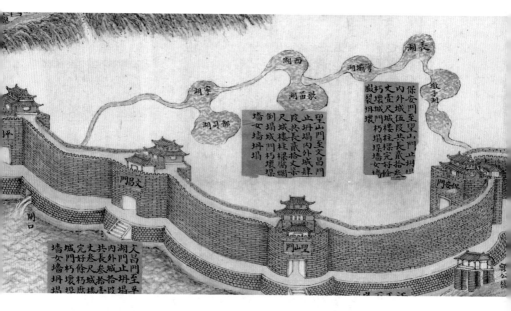

图 2-6　清乾隆《武昌城垣图》中的武昌南城诸湖泊。该水系由墩子湖、长湖、湾坝湖、歌笛湖、西湖、都司湖、宁湖等一系列湖塘串联而成，南由津水闸通巡司河，北经平湖闸通长江。（清代军机处楼折件，021268，台北故宫博物院藏）

墙下的"万年闸"出城，与筷子湖南端汇流进入长江，万年闸也因此成为武昌城北部水系与长江连通的重要节制闸。蛇山以南的部分，因地势相对低洼，城内湖泊星罗，水网密集，是武昌城内水系的主要分布区域。在城南的保安门东侧，有一座"津水闸"，城外的护城河及巡司河水由此连通城内最大的一座湖泊——紫阳湖（又称墩子湖、滋阳湖）。湖的北边，还向北伸出一条狭长形的湖汊，名为"长湖"，这一地名至今尚存。而紫阳湖的西北边，还有歌笛湖、西湖、都司湖、宁湖等诸多较大的城中湖，以及其他一些更小的

图 2-7　武昌平湖闸今貌
（摄于 2018 年 9 月）

湖塘。这些湖塘都是宋代鄂州南湖的残留，在明清时期，它们彼此之间依然相通，都以明渠或暗渠相连，串联为一个有机的整体，最终经由宁湖西北角的连通渠，在平湖门下的平湖闸汇入长江。显然，这一水闸控制着武昌城内绝大多数湖泊河渠与长江的联系，是一处十分重要的节制闸。在长江汛期时，通过关闭闸口，可以防止江水倒灌，使城内诸湖安澜平静，故而得名"平湖闸"。而其旁边的城门，也是因此而得名"平湖门"的。

这些如珍珠般串联起来的城中湖泊，对武昌这座繁华的省城而言，有着十分重要的意义。在现代市政设施和制度建立以前的古代社会，城中的这些水系，对城市而言最重要的作用在于防洪。正所谓"水能载舟，亦能覆舟"，被大江大湖环抱的武昌城，一方面受水的保护与防御，另一方面每当长江汛期来临，"汤汤洪水滔天，浩浩怀山襄陵"之时，水又会变成这座城市可怕的噩梦。对于生活居住在城内街市中的居民而言，最为切身的水患往往是内涝渍水。城市之中不仅需要贯通的排水渠道，以便及时顺畅地将雨水排出城外，当江水上涨、排洪受阻时，更需要有足够的蓄滞洪空间来容纳和调蓄雨水，避免形成严重的内涝，而这一任务，就需要依靠城中的这些湖泊来承担和完成了。

堪称武昌城市近代化之父的湖广总督张之洞，早在 100 多年前的武昌城市规划建设过程中，便已经特别注意到了这一问题。他在光绪三十二年（1906 年）夏天写给武昌警察总局和江夏县衙的一封手札中，针对当时已经出现的填湖占地现象深感忧虑，并明确要求相关当局予以禁止并严加查办。他在札中写道：

> 照得省城内各官湖，从前均极宽广。原虑入夏以后，江水盛涨，各闸封闭，以备消纳城中积水，免致漫溢。乃查近来滨湖居民，往往私将沿湖地段填土建屋，以致水道壅塞。一经大雨，辄至泛溢四处，淹坏民房，大失从前立法本意，殊堪痛恨。查省城警察总局、江夏县，均有稽查地方之责，亟宜认真查办。合行札饬该局、县即便遵照，克日出示严禁，凡系官湖地段，不准任意侵占。并由局派员督饬巡勇，

由县派令弓手工房，将湖面宽窄若干，逐细丈量造册，绘图详细，先钉木桩，以示限制。一面刊刻石碑，明定界址，不得再有填占。其有从前侵占，并无契据者，一律勒令拆让，挖浚深宽，仍还湖面旧观。不得任听抗违，自取咎戾。[1]

从这些文字中不难看出，张之洞对城内湖泊贮存调蓄雨水、减轻城区内涝的重要作用有着十分清醒的认识，并因此特别注重对湖泊的保护。他不仅要求地方当局对各湖泊湖岸线进行全面清查丈量，并钉桩立碑，划线保护，更对既往违法填占湖泊的违建行为进行严厉查处。这种思维和做法，与今天武汉划定城市湖泊蓝线保护范围，建设"海绵城市"以解决城区内涝问题的思路可谓高度契合。

武昌城西靠大江，中以蛇山为界，分为两半，南北长约3公里，东西宽约2公里。与北京、西安等北方地区的明城墙规则齐整的走向不同，武昌城垣地处多山多湖的长江沿岸地区，城垣形态不尽规则，走向往往因山水地形而曲折蜿蜒。如西北角城墙毗邻筷子湖，故而有所内缩；武胜门以东的北城墙，因建在螃蟹岬山脊之上，故亦非笔直向东，而是顺应山脉走势有所曲折。而全城最大的一处城墙走向变化，乃是前文提到的宾阳门至忠孝门段的这一爬上蛇山的"Z"字形城墙。正如前面我们所分析的那样，这一走向的变化，是基于对周边天然山体水域的顺应和利用，并结合周边城门、街市防

1　张之洞:《札警察局、江夏县严禁侵占官湖》，光绪三十二年六月二十九日，赵德馨主编，吴剑杰点校:《张之洞全集》第6册，武汉：武汉出版社，2008年，第508页。

图 2-8　民国时期武昌城内西湖，20 世纪 60 年代后被填消失（作者收藏）

备需求而综合考虑后做出的设计。总的来看，武昌城可以蛇山为界划分为南
北两半，北半平面形似一梯形，南半则近为矩形。北城多山丘，南城多湖泽。
北城虽面积较小，但建筑密度较大，至晚清时已基本被填满，而南城尽管面
积较大，但因地势低洼和交通不便，建筑密度始终较小，其中又以阅马厂—
墩子湖以东的东南部分最为荒芜，人烟稀少。这些城内不同区域的自然地
理状况及开发建设程度的区别，也对城垣本身的建筑形态产生了重要影响，

图 2-9　民国时期武昌北城西部建筑密集、人口稠密的景象（陈思收藏）

如与城门选址和间隔密度的关联，在后文中我们会详细分析。

　　中国古代城池形态各异，空间布局和建筑形式各有不同。城垣本身在建筑材料、建筑构造与形态、建筑细节和其他附属建筑等方面，也有各自不同的特点。明清武昌城除了对天然山水地理环境进行了充分的适应和利用之外，城墙本身的建筑特点亦值得细细品味。

　　与明代城墙的通行做法相类似，武昌明城墙亦以大块青石、红石砌筑墙基，墙体为夯土筑造，外墙和顶部包以青砖，并筑有垛口等。墙体断面略呈梯形，上窄下宽，各段高度亦有不同，平均高度近 10 米。在没有水泥和钢筋混凝土技术的古代，以黄土、碎石、砂砾等材料层层压实夯筑而成的夯土，是最为坚固而经济的建造城墙墙体的材料。而外层的包砖，则以石灰粉、糯米、桐油等天然材料作为粘合剂。这些古老的建筑工艺，历经数百年时光的检验，其坚固耐久性已得到了充分证明。

　　值得注意的是，尽管制砖技术在明代有了革命性的飞跃，但大规模生产建筑用砖，其成本依然较高。在许多地方的明代城墙中，出于节约成本等因素考虑，往往只在城墙的外侧包筑青砖，而城内一侧则直接以夯土墙身裸露。这样的城墙，如仅从外面看，似乎是一座砖城，若从高处或城内看，便会发现其真实的建筑材料构成。既往关于武昌城墙的论述，多只强调其为夯土包砖，而老照片亦多由城外拍摄，故常使人以为武昌城墙是类似南京、西安城墙那样，内外全面包砖的。但结合原始档案文献的记载，以及近年来在海外发现的近代武昌城墙老照片，可以看到武昌城墙的具体建筑做法，是在不同的地段结合了上述两种不同的形式。如在城墙的西段和西南段，因为是平地筑墙，墙体内外皆用砖砌，只是外侧有垛口，内侧无垛口。而在依山而筑的北段，城墙便充分利用山体，建在从山脊往下的北山坡上，其顶部基本与山脊同高，山的南坡则顺势作为城墙内坡，这样的做法大大节省了建筑材料，也利于从城内登城防守，同时也丝毫无损城墙的军事防备性。关于这一点，前面提到的乾隆年间湖北巡抚陈辉祖的奏折里，曾有明确说明。他曾描述武昌城墙道："湖北省城，周遭计十九里有奇，历传建自明时，迄有年所。其城自北迤东而南，皆系依山跨筑；西南临江转北，半枕坡湖。城身内外皆用砖修砌，环山一带向未建立内皮。"[1] 而这份奏折所附的《武昌城垣图》中，对武昌城墙这两部分不同的包砖方法，也有明确的标绘。

垛口（又称"睥睨"或"女儿墙"）是城墙上为了增强守军隐蔽性和防御性而增设的军事设施，是明代包砖城墙普遍设置的一种建筑形式。从老照片中可以看出，武昌城墙各段均设有由城砖垒砌的垛口，垛口约有一人高，三至四块墙砖的厚度，呈凸凹形延绵，垛口中不设射击孔。

中国古代城墙，在转角处为了进一步增强守备，往往筑有角台，其上有时还建有角楼。而明清武昌城墙的东北、东南、西南三处转角，城墙皆为自然弯曲，并没有建造突出的角台，只有筷子湖和西城壕交界处的西北角，以及东面城墙中段宾阳门以北的蛇山东山头两处转角建有角台。从现存清末民初老照片中我们可以看出，这两处角台上并无角楼设置。究竟是武昌城在明代建造之初便未在其上设置角楼，还是角楼后来因为年代久远而倾圮，我们已不得而知。不过这两座角台，在军事防御上依然有着突出的作用。特别是蛇山东山头的一座，居高临下，易守难攻，扼守武昌城东宾阳、忠孝两座城门，是武昌城东面城防体系中极为重要的一处要塞。

除了上述两座角台以外，武昌城墙在非转角处，为了进一步加强军事守备性，也会每隔一段距离，将墙体向外凸出一节，形成一座敌台，这种敌

---

1 《湖北巡抚臣陈辉祖跪奏为请修省会城垣以资保障事》，乾隆四十三年十月二十三日，清代军机处档折件，021430，台北故宫博物院藏。

图 2-10　民国初年的武昌城墙蛇山段，照片中可见城墙女墙、垛口，远处的
蛇山东山头角台，以及山上城墙仅外侧包砖，内侧为裸露夯土坡等建筑细节
（American Geographical Society Library Digital Photo Archive）

图 2-11　民国初年蛇山东山头角台（东侧）
（American Geographical Society Library Digital Photo Archive）

台，即古代城墙的所谓"马面"。在北京、西安等北方地区的明城墙中，由于城墙走向笔直规整，马面的设置也十分整齐，密度也比较高。而武昌城因为城墙走向受地形影响而不甚规则，马面的设置也没有固定的距离和密度。在 1909 年《湖北省城内外详图》中，可见武昌城墙至少有五处马面，其中一处位于武胜门东侧，其余四处皆位于东面宾阳门至中和门之间的城墙上。显然，在宾阳门至中和门段城墙上集中设置了较多的马面，是出于增强这一段城墙坚固性和守备性的考虑。由于此段城墙相对缺少山势依托，地势较为低洼，在较长的距离内亦未设城门，守备相对薄弱，因而增设这些马面，也可以弥补城防的不足。

此外，武昌城墙除了九座城门楼以外，还建有其他一些楼阁，这其中除了最著名的黄鹤楼以外，还有汉阳门以北的烟波楼、西北城墙角上的转角楼，以及武胜门以西的雄楚楼。这几座楼阁彼此相距不远，且皆临近长江江岸，是历代骚人墨客登临城墙，眺望大江东去、百舸争流的胜地。在民初美国人马栋臣的照片中，曾拍下了雄楚楼的远景。

城门是出入城墙的要津，也是城墙上最醒目的视觉焦点，往往成为人们对城墙最直观的记忆落脚点。明清武昌城墙历史上所存在的各城门，也同样是这一城垣体系中的重要组成部分。分析武昌明城墙城门的选址、结构、建筑特色等方面，也可以更加丰富我们对武昌城垣的认识。

对于以军事防御为主要目的的城墙来说，城门一方面便利了内外交通，方便了商贾和居民往来，但另一方面也成了城墙在防御上，以及在城市治安管理上的弱点，需要额外派驻兵力加以防备稽查。因此，在满足基本通勤需

图 2-12　民国初年的武昌城墙筷子湖段，可见清末北路小学堂宿舍楼及一旁雄楚楼的屋顶（American Geographical Society Library Digital Photo Archive）

要的前提下，中国古代城墙在建设规划时，对城门设置的原则往往都是尽量少设，能不设则不设。纵观明代全国各地的城垣，我们不难体会到这一点，如西安明城墙，周长近 14 公里，仅设有 4 座城门；南京明城墙周长超过 35公里，但在明初也只设有 13 座城门；山西太原府明城墙，周长 12 公里，开有 8 座城门，已算是城门数量较多、密度较大的了。而武昌明城墙，周长仅约 10 公里，在明代却开设了 9 座城门，这一城门设置的密度，在全国各地明城墙中，显然已算是比较高的了。

除了总体的城门设置密度较高以外，武昌城墙的城门分布也呈现出十分不均匀的特点。不同段落的城墙，城门密度差异很大，而各城门之间的距离，差距亦十分显著。笔者根据 1909 年《湖北省城内外详图》所标注的城门具体位置及城垣走向，结合今日卫星地图等资料，大致测算出武昌城的 9 座老城门之间的城墙长度，并列表如下：

武昌城墙各城门（不含通湘门）间城垣长度估测表

单位：千米

城垣区间	城垣长度
汉阳门至武胜门	1.7
武胜门至忠孝门	2.0
忠孝门至宾阳门	1.1
宾阳门至中和门	2.2
中和门至保安门	0.6
保安门至望山门	0.6
望山门至文昌门	0.9
文昌门至平湖门	0.9
平湖门至汉阳门	0.6

不难看出，武昌各城门间的距离，分布是颇为不均匀的，城门间城垣的长度，有的仅有五六百米，有的则达到两千多米。总的来看，城门的分布呈现出东、北两面疏远，西、南两面密集的状况。武昌城的西面和南面城墙，

图 2-13　武昌城西北部汉阳门至武胜门段城墙（《图画时报》第 320 期，1926 年 9 月 26 日）

均各开有 3 座城门，而北面仅有 1 座门，东面仅有 2 座门。特别是从汉阳门向南、向东至中和门一段，总长度不足 4 公里的城墙上，就开设了 6 座门，是武昌城墙设置城门最密集的一段。

　　为何武昌城墙的城门分布会呈现出这样不均匀的状况呢？首先，这还是与城墙所在的地形地貌有关。如汉阳门至武胜门段城墙，其外紧邻筷子湖和应山湖（西城壕），受城外水域的限制，没有开辟城门。而武胜门以东的城墙，则一路沿着螃蟹岬山脊而行，因为城墙建在山上，所以也没有开辟城门。可以说，自然地理因素是导致武昌城北面和东北面城门数量稀少的重要原因。

　　另一方面，城门的开设位置还与城内街市和居民的分布特征密切相关。城门的设置，归根结底是为了方便人流的往来进出，因而在人口稠密、商业繁华的区域，城门设置密度也往往较大，相反在人口稀少、土地荒芜的片区，则没有多设城门的必要。在武昌城的城门分布中，我们可以很明显地看出这种对应关系。正如前述，武昌城墙城门分布密度最大的一段，是从汉阳门至中和门的西南墙、南墙部分。而这一段城墙以内毗连的区域，也都是明清时期武昌城内繁华的闹市区，人口较为稠密。更重要的是，从汉阳门往南至鲇鱼套一带，长江江岸码头林立，水上交通和贸易往来繁忙，而鲇鱼套至中和门一带，则毗邻白沙洲、巡司河，也是武昌城外繁华的货物贸易区域，交通繁忙，商业发达。由这一带的码头登岸进城，或货物商贾进出城垣，都有着十分繁忙的需求，因而以较短的间距，高密度地设置城门，自然是符合这一带城市发展的实际需要的。与此相对应的，是武昌城东南段城墙。自宾阳门向南至中和门之间，长达 2.2 公里的城墙中，都没有开设一座城门，且这一段城墙并非建在山上，城外毗邻之地也没有较大的水域阻隔。造成这一段城墙不开城门的原因，就是因为整个明清时期，武昌城的东南部地区都是十分荒芜的。这一带地势低洼，多为荒地湖沼，民居甚少，主要分布其间的是军营建筑。清末编练新军时，这一带也兴建了一些新式的军队营房，但总体来看仍是荒凉之地。对于这一居民稀少，又多为军队营区的区域，自然不用也不宜多开城门，徒增守城成本了。事实上，武昌城垣城门分布的这一特点，从宋代鄂州城时期便已形成。宋代鄂州子城西面和外郭西面、南面城墙上，见诸文献的就有汉阳门、平湖门、竹簰门、望泽门等城门，而外郭北面和东面城墙，则无一座城门见诸史籍记载，由此也可以看出当时不同方向上城墙分布的不均匀了。

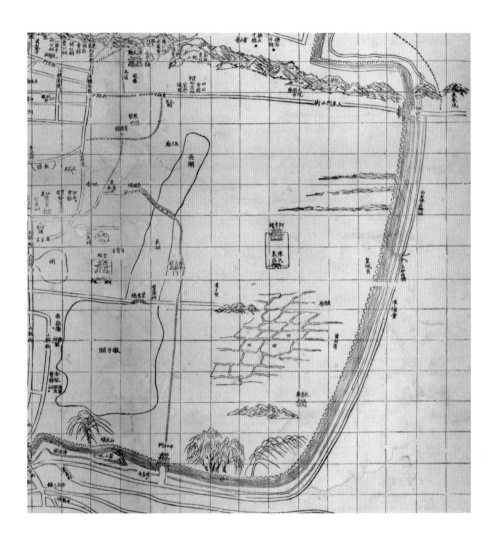

图 2-14 晚清《武汉城镇合图》（约绘于光绪年间）中的武昌城东南部，可见直到此时，
紫阳湖、长湖以东的城内东南部地区，依然十分荒芜。

　　明代武昌城各城门门楼建筑的具体形态，我们已不得而知。今天的我
们只能从晚清民国时期的老照片中，窥见晚清以后武昌各城门的建筑风貌。
可以看出，清代武昌城在有城楼和瓮城的九座老城门中，尽管各门瓮城大小
和具体格局有所区别，但城楼的建筑形态则大同小异。其中，汉阳门和平湖
门因为整体体量较小，城楼亦为较为矮小的单檐歇山顶，忠孝门、中和门、
保安门、望山门、文昌门的城楼，以及宾阳门瓮城楼则皆为重檐歇山顶。作
为中国南方的城池，武昌各座城门楼，在建筑风格上与北京、西安等北方城
池的官式风格城楼颇为不同，具有浓郁的江南地域建筑特色。这些城楼的屋
面都不用琉璃瓦，而是采用本地建筑常用的青瓦；屋脊两端升起，形成较为
明显的弧线；屋檐檐角亦伸出较远，并向上高高翘起；各城楼的内外两侧，
在城门洞上方还各砌有一座照壁，其上镶嵌有该座城门的名字，并装饰有其
他一些花纹图案。从老照片中透露出的明暗对比信息来看，其中几座照壁可
能还贴有彩色的琉璃砖作为装饰。此外，除了宾阳门以外，各城门瓮城楼
的形制也基本相同，都是在瓮城门洞上方设置一座较小的单层硬山顶阁楼。
瓮城门上往往也镶嵌有刻着城门名字的匾额，且瓮城门所在墙体为白墙，不
同于两侧的青砖清水墙面。

明楚王府：消失的旧宫殿

正如前述，明代的武昌，因是楚王的封国之地，地位空前尊崇，城池得以大规模扩修。朱元璋当年驻军的梅亭山一带，不仅被圈入城内，山上还建起了一座"封建亭"，亭内立有"分封御制碑"一方，至民国时期尚存遗迹。而封建亭所在的梅亭山西段，也从此被称为"楚王台"或"楚望台"。作为明代分封最早、延续时间亦最长的藩王世系之一，楚藩由首代楚王朱桢起，至明末战乱中被农民军杀死的末代楚王朱华奎止，总共沿袭九王，坐镇武昌262年之久，几乎贯穿了明朝历史的始终。今天在武汉市江夏区境内的龙泉山一带，还留存有历代楚王墓葬群。

当然，楚藩在武昌城内最核心的象征景观，还是位于武昌城中部的楚王府。明代楚王府位于武昌蛇山中段的高观山南麓，始建于洪武年间，明末兵燹中被毁，清初仍存废墟，后逐渐湮灭。时至今日，我们依旧可以从周边道路轮廓中窥见这座早已消失数百年的明代王府的四至范围。在清末民国时期的老地图中，楚王府的轮廓可以看得更为清楚：这座王府位于蛇山南麓的武昌城中心位置，王府大门南临大朝街（今复兴路）。由今读书院街（晚清民国时期西段称读书堂街，东段称铜币局街）、后长街、体育街（清代称西

图 2-15　江夏龙泉山明楚昭王朱桢墓鸟瞰（摄于 2018 年 9 月）

大街）、后宰门街（清代又称弓箭街）四条街道合围的一个矩形，便是当年楚王府宫墙的四至所在。

楚王府宫城内中轴线上的主要宫门和殿堂，完全依照明代王府建筑的礼制规定而设置。在明嘉靖《湖广图经志书》中，对于楚王府的主要宫殿建筑布局情况，也有大略的记载：

> 承运殿在承运门内，存心殿、圜殿俱在承运殿后。宝善堂在宫门前，寝宫在宝善堂后。南亩亭在王城中，王观农之所，取古诸侯耕锄以供粢盛之义也。墨香亭在正心书院内，楚王藏书之所。正心书院在宫城东，今楚国主自出阁时，日事诗书，尤以治心修身为先务，乃辟地建室，为藏修游息之所。请于朝，因敕赐匾今名。有《正心诗集》梓行于世。[1]

关于明楚王府建筑的详细情况，由于文献无存，今天我们难以准确厘清。在这其中，中轴线东侧的"正心书院"建筑群，在方志中留下了一些稍详的记载。根据明人吴世忠《正心书院记》的描述，这组建筑群的前半部分，位于王府的"巽隅"（即东南部），原为明初的东书堂，这是依照王府建筑制度的通例所布置，类似皇宫中的太子东宫，为王世子读书之地。正德年间，由于原建筑老旧损毁而拆除重建，除了仍旧保留前部的书堂布局外，在后方又建设了一座园林，整个建筑群由皇帝赐名"正心书院"。该建筑群前部为

1　明嘉靖《湖广图经志书》卷1，"司志"。

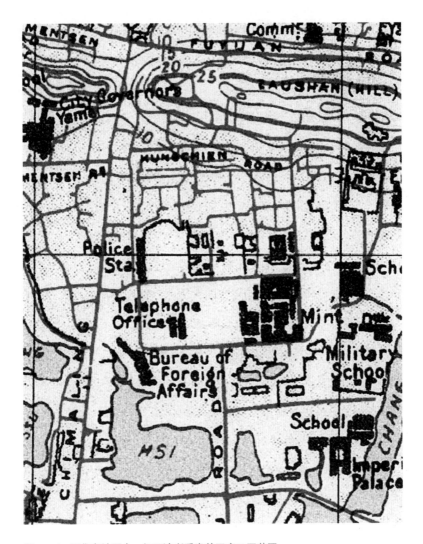

图 2-16 近代老地图中，仍可清晰看出楚王府四至范围

书院正堂、燕室及东西厢房所构成的院落，是楚府藏书、藏宝之地及世子成年出阁后平日的办公、读书之处，其所在地即明初的东书堂。在其北部，则建有一座名为"聚芳园"的园林，其中有假山、洞穴、池塘以及亭台楼阁，景色绝佳，世子与楚王常同游园中。[1]

明代楚王府的建筑布局，与明初南京皇宫是高度类似的。在中轴线上，与皇宫相仿，也布置有"前朝"和"后寝"两组殿堂院落；皇宫前朝正殿曰"奉天殿"，楚府前朝正殿则曰"承运殿"，寓意朱明皇室统治天下乃"奉天承运"；前朝的东侧，在皇宫中有"文华殿"，是皇太子日常办公之所，在楚王府内则为东书堂（正心书院），为楚藩世子的办公之所；皇宫设有午门、玄武门、东华门、西华门四门，楚府也设有端礼门、广智门、体仁门、遵义门四门；皇宫外东南方向有太庙，楚府外东南方向也有宗庙。所不同者，藩王府在封建礼制的等级上要低于皇宫，因此其建筑从规模、色彩、装饰图案等方面，都体现出与皇宫相比的"降级"，可谓一个"低配版"的皇宫。如皇宫奉天殿建在三层须弥座台基之上，楚府承运殿则仅有两层台基；皇宫主要殿堂皆为黄色琉璃瓦，楚府宫殿则使用绿色琉璃瓦；等等。

此外，在明初地位最尊贵的"十王"王府城墙之外，还应建有一圈萧墙，类似皇宫外的皇城墙。这种内外两重墙的王城格局，在成都蜀王府、桂林靖江王府、西安秦王府、太原晋王府等例中均可见。同样作为洪武初年分封的"十王"之一，武昌楚王府的宫城墙外围，也应存在过一圈范围更广阔的萧

1　〔明〕吴世宗：《正心书院记》，明嘉靖《湖广图经志书》卷1。

图 2-17　清代四川贡院南门，该门为明代成都蜀王府端礼门遗存，设三座门洞，尺度高敞，与武昌楚王府营建时间相近。

（Sidney D. Gamble Photographs, David M. Rubenstein Rare Book & Manuscript Library, Duke University）

墙，圈定楚王府外面积更大的楚藩"王城"区域。关于这圈萧墙，既往关于明代武昌楚王府的论述中，往往未加注意。在明嘉靖《湖广图经志书》中，便明确记载"王宫之外，甃以砖城，城外围以红墙，中为宫殿。其间池亭、室宇及承奉、典宝、典服、典膳等中官居处颇多……"。[1] 这一史料，无疑清楚地记载了明代楚王府外围王城萧墙（即"红墙"）的存在。

虽然楚王府外围萧墙早已遗迹无存，但我们仍可根据史料和历史地理

1　明嘉靖《湖广图经志书》卷 1。

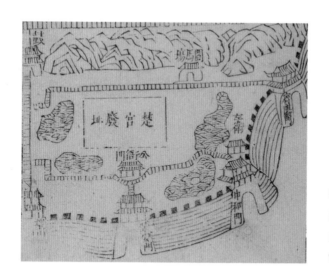

图 2-18   康熙《武
昌府志》所附"武
昌府城图"中的"楚
宫废址"和"公廨门"

状貌进行一些推测。楚府南萧墙当位于今张之洞路中段一带，此段道路为正

东西走向，与楚王府南面宫墙平行。在清代，其正中的大朝街路口处，还建

有一座"公廨门"：据康熙《武昌府志》记载，"公廨门，在明废藩城前，康

熙二十四年总督涂公捐资建，委中军傅尔学董其役。凡遇庆贺、大典及审录，

诸公务率寮属皆在焉"[1]。这座正对大朝街的"公廨门"正位在楚王府中轴线

南延线上，应即建在明代楚王城南萧墙灵星门旧址处似。王城东边受长湖阻

隔，萧墙势必沿湖西岸北折。而张之洞路西边与长街（今解放路）交会的路

口，直至数十年前尚有地名称"王府口"，应该也与明楚王府萧墙有关，其

地应为萧墙西南角。

---

1   清康熙《武昌府志》卷 1。

在楚王府宫墙和萧墙之间的王城区域，还有一组可以较为清楚地确定方位和建筑布局的礼制建筑，即位于宫城东南角的楚藩宗庙。明初朱元璋曾规定了藩王府宗庙建筑的礼制，但据《湖广图经志书》记载，楚藩直到受封百余年后的明武宗正德八年（1513 年）时，方才依制开始在王城内充妃庙的南面营建宗庙。工程历时四年，至正德十二年（1517 年）落成。其位置遵照明代宗庙建于宫城东南方向的礼制，"在宫城巽方二百武许"，建筑格局则是"外为都宫，为庙门；前为正殿，后为寝殿"[1]。"巽方"即东南方，一武约今天的一米，而"都宫"在此处指明代宗庙的院落围墙。从这一描述中我们可以得知，明代楚藩宗庙位于宫城东南方向二百多米处，都宫正南为庙门，其内有正殿和寝殿两座大殿。

清初康熙年间，在楚王府废墟东南面的墩子湖北岸，曾建有一座"万寿行宫"（亦称"皇殿"，民国后改为辛亥首义烈士祠），而文献记载中的明代楚藩宗庙建筑群的上述方位和建筑格局，都与清初的这座"万寿行宫"十分接近。据乾隆《江夏县志》记载，万寿行宫建于康熙四十三年（1704 年），"前临墩子湖，左长湖，右湾湖"[2]，其中有供皇帝办公和居住的正殿、寝宫，还有附属的园林建筑等，后改为每年文武百官的"朝贺祝釐之所"。根据雍正《湖广通志》中收录的《万寿宫图》，我们可以大略窥见这组建筑群的历史面貌。万寿行宫大门前有影壁，门内有御河，其上设有三座石桥，宫门和

1　〔明〕沈钟:《楚府宗庙记》，明嘉靖《湖广图经志书》卷 1。

2　清乾隆《江夏县志》卷 2。

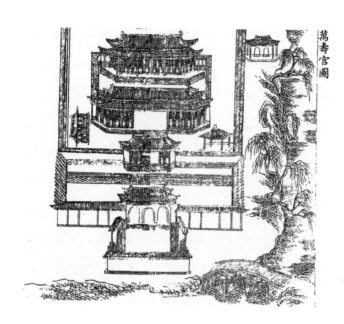

图 2-19   清雍正
《湖广通志》中所
附《万寿宫图》

前后两进大殿皆为重檐屋顶，这些都体现出皇家建筑的规格和气派。值得注意的是，该图中三座桥以北的宫门及门内前后两座大殿的建筑布局，与文献记载中的明楚藩宗庙高度类似，而这座皇殿所处的位置，也恰在楚王府旧址东南面不远处，与明楚藩宗庙"在宫城巽方二百武许"的记载完全吻合。因此我们有理由相信，明楚藩宗庙的位置，正是清代皇殿、民国烈士祠所在处，且清初皇殿的建筑布局，也基本沿袭了明代楚藩宗庙的旧制，甚至可能沿用了楚藩宗庙中的一些石质建筑和建筑台基等。

占地广阔、宫苑连绵的楚王府，存世 200 余年后，最终在明末的战乱中化为焦土。在明末兵燹中，张献忠攻克武昌城，杀掉了末代楚王朱华煃，并在楚王府铸宝称帝，而在其占领武昌的前后，明将左良玉又两次进驻武昌，

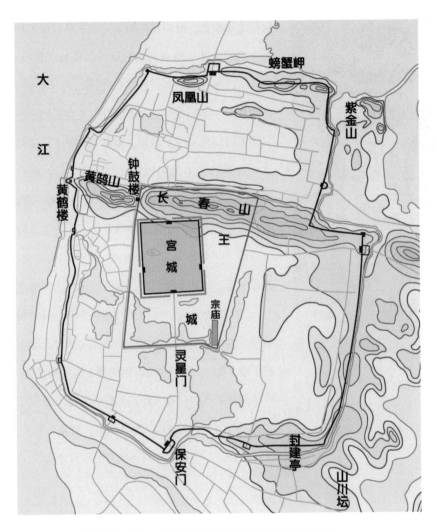

图 2-20　明中后期武昌府城、楚藩王城及宫城平面略图（黎国亮绘图）

图 2-21　武昌梳妆台遗址上建立的六角亭和武昌区文保碑（摄于 2019 年 4 月）

大肆烧杀抢掠，此后武昌城又先后被李自成军和清军占领，楚王府在几经战乱后，也最终被毁。乾隆《江夏县志》称，"明季兵燹，殿、寝、池、馆，俱为灰烬"[1]。只是在这场战乱中，究竟是哪一方对楚王府实施的主要破坏，则难以确证了。清初文人曾有过许多感怀楚宫废毁的诗句，如张仁熙有诗云："鄂城城内高观起，短草催春春不喜。闻是当年楚王宫，瓦砾无心照罗绮。"[2]卢纮亦有诗写道："畴昔楚王宫，今时蔓中瓦。阴阴夹道槐，苍狐穴其下。井干没污莱，墀陛漫流泻。四顾虚无人，空涕为谁洒？"[3]可见在清朝初年，昔日巍峨华美的楚王府，已沦为一片荒无人烟的废墟和野草地。如今，我们还能看到的楚王府地面遗迹，除了少量散落的砖瓦和建筑构件外，便唯有当年王府范围内至今尚存的一座小土丘"梳妆台"了。这座小丘，应是当年王府内的一处园林遗迹。

1　清乾隆《江夏县志》卷 15。

2　〔清〕张仁熙：《高观山行》，〔清〕陈诗编纂，皮明庥、李怀军标点，张德英、皮明庥校勘：《湖北旧闻录》第 3 册，武汉：武汉出版社，1989 年，第 581 页。

3　〔清〕卢纮：《过武昌吊楚藩废邸用少陵玉华宫韵》，《四照堂诗集》卷 1。

九门锁钥：武昌的老城门

　　城门是进出城墙的交通要道，也往往是一座古城垣上最醒目和精美的建筑，是人们对古城墙记忆的集中承载地。由于城墙拆除较早，当时也没有专业的建筑学和考古学工作者对其进行详细测绘，故而留存至今的有关武昌城墙老城门的资料极为稀少和零散，为我们进一步了解城门的有关情况制造了不小的困难。所幸近年来陆续有国内外的一些新史料被发现，特别是一些此前稀见的珍贵历史照片得以公开，为我们不断地提供着宝贵的历史信息。依托这些历史影像和其他史籍文献的记载，以下笔者将对武昌古城历史上存在过的全部十座城门的建筑风貌和相关历史信息进行一番梳理和探析。

汉阳门

　　汉阳门位于武昌城墙西段中部偏北处，紧邻黄鹄矶北侧，是武昌各城门中距离黄鹤楼最近的一座城门。1871年汤姆逊的那张著名的黄鹤楼照片，便是站在汉阳门城楼旁的城墙上向南拍摄的，照片中还收入了汉阳门城楼的一角。这座城门的得名原因，相信是因为其遥对长江对岸的汉阳。汉阳门所在的一段城墙，正是前面我们提到的紧邻长江江岸、唐宋时期鄂州子城西城

图 2-22　明永乐《神留巨木图》
中的武昌汉阳门
（明《正统道藏》洞神部记传类）

墙所在地的那一段城墙。此门至少在宋代即已存在,在《舆地纪胜》《入蜀记》
等宋代文献中均有提到, 且当时即已定名 "汉阳门"。《明一统志》记载, 该
城门上之城楼内有 "江汉神祠", 奉祀江汉之神。[1] 在前面提到的宋旭《山水
名胜册·黄鹤楼图》和《大明玄天上帝瑞应图录·神留巨木图》中, 也都描
绘了这座城门在明代初年的建筑形态, 从中可见汉阳门城楼十分雄伟气派,
为重檐歇山顶的官式建筑风格, 规制不凡, 体现出作为明初重要亲藩国都城
门的等级和气势。而现存照片中所见晚清汉阳门城楼,则已改为单檐歇山顶,

---

1 〔明〕李贤:《明一统志》卷 59。

图 2-23 民国初年的汉阳门城楼东面（城内侧）影像（非嚣收藏）

江南建筑做法，与明初的样貌不可同日而语了。

作为武昌城最早开发建设的区域，汉阳门内一直是街市繁华、人口稠密的城区，入城后正对城门的汉阳门正街（今民主路西段），是武昌北城最繁华的商业街之一，唐宋鄂州州衙、明清武昌府衙都位于此路上，而路尽头更是明清湖北承宣布政使司衙门（今司门口一带）。清末到访武昌的美国旅行家盖尔（William Edgar Geil）曾在其著作《中国十八省府》中，描述汉阳门正街"拥有 7000 家之多的商铺，堪称是武昌的'百老汇'"[1]，足见汉阳门内当年繁华之盛景。而另一方面，由于万年闸以下至大堤口，城墙外紧邻筷子湖，没有开设城门，因而汉阳门也成为蛇山以北武昌临江一带唯一的城门，由长江水路登岸后要进入武昌城北半部，唯有由汉阳门入城，明清时期武昌前往汉阳的主要渡口码头，也设在此门外的江岸一带。因此，这座城门无疑是武昌城较为重要的一座，进出交通十分繁忙。在有关武昌城垣目前已发现的历史照片中，汉阳门因地处水陆交通要津，地位关键，又毗邻古城最知名的风景名胜地黄鹤楼，"能见度"亦高，因而在历史镜头中留下的身影也相对较多，这使我们对这一城门在近代时期的布局和建筑特点得以较为详细准确地了解。

除了清末增开的通湘门以外，武昌城原有的九座老城门，都是带有瓮城结构的，但是在瓮城的具体格局、面积大小、与城门的位置关系等方面，各城门则皆有不同。由于汉阳门所在城墙紧邻长江，城外江岸地段十分狭窄，

---

1   William Edgar Geil, "*Eighteen Capitals of China*", Philadelphia & London: J. B. Lippincott Company, 1911. p. 250.

图 2-24 意大利旅行家洛卡特利（Antonio Locatelli）1923 年拍摄的武昌汉阳门江岸远景

图 2-25 1926 年的汉阳门外景（《天民报图画附刊》第 16 期，1926 年 12 月 11 日）

图 2-26　1920 年代在警钟楼向北俯瞰汉阳门全貌（《亚细亚大观》第 14 辑第 7 回）

　　其城门如将城楼设在与城墙同一水平线上，再向外凸出建造瓮城，则在如此狭窄的地段中显然难以完成，而过于凸出的瓮城，也会给本已十分逼仄的此段临江道路造成更大的交通阻碍。鉴于这一实际状况，汉阳门在设计规划时进行了因地制宜的调整：整座城门向城内缩进了一段距离，城楼偏向城内的东侧，这样一来，在保留瓮城并确保其有足够面积和纵深的同时，也使得瓮城不至过多凸出于城墙以外。从清末民国时期的老地图和老照片中我们可以看出，城墙的轴线大致刚好从汉阳门瓮城中部穿过，瓮城只有一小半凸出城外，而城楼和瓮城楼则分别位于城墙的东西两侧。

　　城楼不设在城墙所在轴线上，而是向城内后退一些，这种做法在武昌各城门中并非唯一。如南面的望山门、中和门等城门，也有这种建筑布局设计。但如汉阳门这样，将瓮城一半以上面积都缩入城中，则仅此一例，这是武昌城墙各城门构造因地制宜、各有变通的一处典型体现。汉阳门通过这样的布局设计，在有限的土地面积中保留了足够面积的瓮城以保证城防安全，同时也有效降低了瓮城对城外交通的阻碍。

从老照片中可见，清末民初的汉阳门城楼为单层的单檐歇山顶木结构建筑，瓮城楼则为一座体量较小的硬山顶砖木结构小楼。此外，汉阳门城楼和瓮城的城门洞，均较为低矮。1926年武昌城墙开始拆除后不久，汉阳门城楼和瓮城即被一同拆除。这一段紧邻江岸的城墙拆除后，墙基所在地即修建了宽阔的临江大道。汉阳门城楼虽然早已被拆除，但临江大道民主路口一带仍留有"汉阳门"的地名。

平湖门

平湖门位于汉阳门和黄鹤楼以南，也是一座距离长江江岸较近的城门。这座城门也是一座历史悠久的老城门，在宋代即已存在，见诸《舆地纪胜》《三朝北盟会编》《建炎以来系年要录》等宋代文献记载中。正如前述，此门所在地，在武昌城南半部的湖渠水网体系中处于一个十分重要的枢纽位置：南城各湖泊河渠，最终由宁湖北端引出一明渠，汇流至此门南侧城墙下出城，经平湖闸联通长江。而呈反写"C"字形环抱全城的武昌护城河，南端亦止于平湖闸（北侧止于万年闸）。"平湖门"与"平湖闸"之得名，显然都凸显出此处对于节制武昌城内诸湖水文的关键地位。平湖闸因直面大江，汛

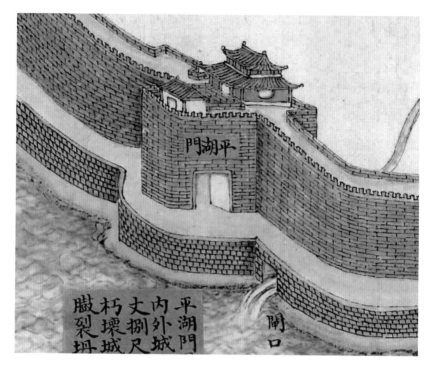

图 2-27　清乾隆《武昌城垣图》中的平湖门及平湖闸

（清代军机处档折件，021268，台北故宫博物院藏）

图 2-28　1934 年重修平湖闸时所镶嵌之石匾（摄于 2018 年 9 月）

期水势汹涌，历来皆是武昌旧城区域防汛的关键节点，近代以来也多次进行过修缮维护。今天在长江岸边，我们依然可以看到民国二十三年（1934 年）重修后的平湖闸。该闸闸门上方的红石墙上，还镶嵌着一块刻有"平湖闸"三字的石匾。

尽管与汉阳门相比，平湖门外江岸地块相对宽敞，但城门紧邻平湖闸，城门建筑亦受到限制。从老地图和老照片等资料中我们可以看出，在武昌城拥有瓮城的全部 9 座老城门中，平湖门是瓮城面积最小的一座。

除了面积小以外，平湖门瓮城的城门位置和开门方向也与其他各城门均不相同。位于武昌城西城墙的平湖门，城门本身是坐东朝西的。但由该城门向南，武昌城墙与长江江岸的距离进一步拉开，城墙外的临江地块变得较为开阔，形成了街市，故而由平湖门出城后，在陆上的主要交通方向是向南的。鉴于这一自然地理和城市街市的实际状况，武昌平湖门在建造瓮城时，没有像其他各城门一样，将瓮城门设在与城门楼同一轴线上，而是将其开在半月形瓮城墙的南侧，成为一座坐北朝南，与城门楼呈 90 度夹角的瓮城门。从 1926 年上海《天民报》记者所拍摄的老照片中，我们可以清楚地看出平湖门城楼和瓮城的这一与众不同的位置关系。这种根据实际情况调整瓮城开口方向的做法，也充分体现了武昌城门建筑设计因地制宜的灵活性。

平湖门内亦为明清武昌城内较为繁华的城区。进入城门后向东不远，即是北依蛇山而建的明清两代湖北提刑按察使司衙门（臬司），以及武昌府的府城隍庙和府文庙。此外，臬司衙门西侧的附属园林"乃园"，也是近代武昌城内一处著名的园林，曾是蛇山西段重要的风景名胜。在乃园的西侧，

图 2-29　1926 年的平湖门外景

（《天民报图画附刊》第 18 期，1926 年 12 月 25 日）

清末时还建有张之洞所开设的西路小学堂。

　　从老照片中可见，清末民初的平湖门城楼为两层歇山顶阁楼，瓮城楼则与汉阳门类似，为一座小型硬山顶建筑。与汉阳门类似，平湖门的门洞也较为低矮。1926 年后，这座城门也随武昌城墙一同被拆除，但今日武昌临江大道长江大桥以南至彭刘杨路路口一带，仍保留有"平湖门"的地名。

图 2-30　民国初年日本摄影师金丸健二所摄武昌黄鹄矶至平湖门段城墙俯瞰，照片右侧可见远处的平湖门城楼

文昌门（竹簰门）

文昌门位于武昌城西南部平湖门以南，是西城墙最南的一座城门。该门明初原名"竹簰门"，"竹簰"即"竹排"。该门以南不远处即是巡司河汇入长江的河口——鲇鱼套地区，明清时期，武昌上游的白沙洲、鲇鱼套地区曾是江西、湖南等地所产竹木材的集散地，商贾往往将捆扎的竹排、木筏放流而下，泊放在沿江码头一带，因而这座位在武昌城沿江地区最上游的城门，其外江岸地区也就成了繁荣的竹木交易市场，"竹簰门"正是因此而得名。此外，在南宋《舆地纪胜》中，也提到当时的鄂州亦有一座"竹簰门"，门外有一座临江的"弥节亭"，但此门具体位置不详。明代命名这座城门时，可能只是借用了宋代的旧名，但其与宋代竹簰门并非同一位置。

图 2-31　1926 年的文昌门内景（《天民报图画附刊》第 17 期，1926 年 12 月 18 日）

　　明代中后期，竹簰门被改名为"文昌门"，寓意"文明昌济"。事实上，这一改名可谓实至名归，文昌门在明清时期武昌各城门中，于政治和文化方面有着较为特殊的地位。文昌门内北面有文昌阁，其中供奉有文昌帝君。"文昌"本为中国古代星座名，在北斗附近，共六颗星，组成半月形。在中国古代民间信仰和道教神仙体系中，其被演绎出"文昌帝君"这一神仙形象，并被认为是文运功名之神，主管考试、官运，尤为古代知识分子和仕宦阶层所尊奉。武昌文昌阁的东面，晚清时更先后修建了经心书院和两湖书院，也是湖北近代早期官办高等教育的重要场所。而在科举时代，文昌门也曾有着特殊的地位：该门外北边不远处的江边，建有"皇华馆"。这一带今尚有地名"黄花矶","黄花"实为"皇华"之讹误。"皇华"语出《诗经·小雅·皇皇者华》,"华"即"花",该诗首句以灿烂美丽的鲜花比喻奉君王之命外出求贤访察的使者,故而后代多以"皇华"代指钦差大臣。因此,"皇华馆"即是钦差大臣的下榻之处,明清时期,各地省城都建有皇华馆。对于省城而言,最为制度性到访的钦差大臣,便是每三年一次的"秋闱"主考官。"秋闱"即乡试,是省一级的科举考试,每隔三年在秋季举行一次,考试地点是各省城的贡院,而正副考官则是由皇帝任命的翰林、进士出身的部院官出任。因此,每逢秋闱,接待由京城南下抵达武昌负责主持乡试的考官,便成为皇华馆的一项重要任务。主考官一行乘船抵达武昌后,由文昌门外江边登岸,地方大小官员在此迎接,于皇华馆设宴接风洗尘。而由各府州县前来省城参加考试的秀才们,也往往由此门入城,并会在考前前往文昌阁祭拜,以求考中功名。而到了晚清时期,张之洞在武昌城内创办了众多新式学堂,其中规模最大的一所——两湖书院,即位于文昌门内不远处的都司湖畔。可以说,从古代到近代,文昌门一直"名副其实",是武昌古城中与文化教育密切相关的一座城门。

清代,总督成为统领一省或数省事务的重要封疆大吏,文昌门内东边的湖广总督府,是武昌城内最重要,也是位阶最高的政治权力中枢,民国初年的湖北督军署也设于此地。官场要员若由水路登岸前往该衙门,则必经文昌门入城。因此,文昌门一带可谓是武昌城内十分重要的文化教育和政治权力中心。如果说在武昌城沿江的三座城门中,汉阳门和平湖门分别是蛇山南北半城居民商贾往来进出的主要通道,那么文昌门则进一步承担了一些政治

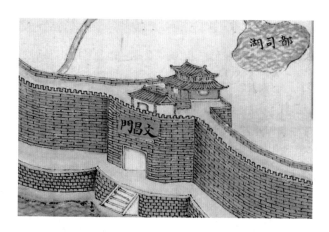

图 2-32　清乾隆《武昌城垣图》中的文昌门及都司湖

（清代军机处档折件，021268，台北故宫博物院藏）

图 2-33　1926 年的文昌门外江边码头

（《图画时报》第 325 期，1926 年 10 月 31 日）

性、文化性和礼仪性的功能。直至 1926 年北伐胜利，国民政府迁都武汉时，乘船北上登岸的国民党中央执行委员一行人等，也还是由文昌门码头登岸入城的。

与毗邻江岸的汉阳门、平湖门不同，文昌门距离江岸较远，城门外地势开阔，建筑空间充足，因此在沿江三座城门中，文昌门是体量最大、瓮城面积最为宽阔的一座，清末民初时的城楼为重檐歇山顶，瓮城为直角矩形平面，瓮城外有护城河。1930 年代，此门随武昌城墙一同被拆除，原址今位于武昌造船厂内，已无迹可寻，但附近仍有名为"文昌门"的小巷路名沿用至今。

望山门（望泽门）

望山门位于武昌城南城墙的西段，明初始建时原名"望泽门"。"望泽"一名，亦本是宋代鄂州城既有的城门旧名，但宋代鄂州城的望泽门，与明代此门亦同名不同地。正如前面所提到的，宋代的望泽门，是鄂州城外郭南面的一座城门，门外即南湖，城门正对湖中郭公堤，其位置大约位于今解放路武昌实验小学校门外一带。因此门紧邻浩渺无垠的南湖，登门眺望，但见一片水泽连天的景象，故而得名"望泽"。即至明代，城垣南拓，当年的南湖已萎缩分隔为城内的若干小湖泊，而新城墙西南部新建的这座城门，最初依然延续了宋代的这一旧名。虽然此时南湖已不复当年之盛景，但明初此门外仍是十分宽阔的长江江面，当时白沙洲、金沙洲尚未淤起，宽阔的长江环抱整个武昌城西南角，立于城门之上所见，仍是一派江波浩荡之景，故而延续"望泽"之名，倒也依旧名副其实。

不过此后，望泽门又被改名为"望山门"。清雍正《湖广通志》称该门为明嘉靖十四年时，随其他若干城门一同改名的，但明朝正德年间编纂，嘉靖元年刊行的《湖广图经志书》中，已称此门为"望山门"，故知此门改名应是早于其他如大东、小东等城门的，但具体何时改名，尚难详考。至于改为"望山"之缘由，史籍中亦无记载，颇为耐人寻味。此门之外地势平坦，近前并无山丘可"望"。若是指向南眺望今武汉市江夏区境内的山脉，则直线距离远达 20 公里，虽在古代无高楼遮挡视线，但仍似有些牵强。在笔者看来，"望山"二字，应语出《尚书·舜典》的"肆类于上帝，禋于六宗，望于山川，遍于群神"和"望秩于山川，肆觐东后"等语。《舜典》中的这两句，讲的是上古帝舜在接受帝尧的禅让后，祭告山川诸神的事迹。此处的"望于山川"之"望"，非作眺望之解，而应是祭告之意。由此观之，"望山门"之"望山"，或当亦作"祭告山川"之解。事实上，依照明代的礼制规定，藩王在就藩之地除了要修建王府以外，也要建造宗庙和社稷、山川、风云雷雨等诸祭坛。对于这些礼制建筑的方位布局，依照洪武年间的礼制规定，藩王府宫城外西南面，应设置社稷坛、山川坛和旗纛庙。然而各地的实际情况，并非严格依照此制度而行，如武昌楚王府，其端礼门外西南面王城范围内，被湖水占去了大半地块，故而在此仅建有一座旗纛庙，至于山川坛和社稷坛，则建于武昌城外。根据《湖广图经志书》的记载，明代武昌的山川坛，位于城外东南郊，大约即梅亭山一带。虽然这一山川坛并未依照礼

图 2-34　清乾隆《武昌城垣图》中的望山门和王惠桥

（清代军机处档折件，021268，台北故宫博物院藏）

制，布置在王府西南面，但明代却将武昌城西南边的城门，改名为"望山门"，我们或许可以推测，这座西南城门的改名，是与"望于山川"的礼制文化有关的。

望山门外，早在宋代便已是鄂州城南郊的繁华街市"南草市"。陆游在《入蜀记》中描绘鄂州城"市邑雄富，列肆繁错，城外南市亦数里，虽钱塘、建康不能过，隐然一大都会也"，其中特别提到了当时鄂州城外的南市。明代城垣拓展，周边水文状况也发生变化，鲇鱼套以南新淤出的金沙洲、白沙洲，亦逐渐成为人烟稠密、商贾往来的繁华街市。但这一带与武昌城隔巡司河相望，陆上往来交通不便，故在明清时期，巡司河上曾几次筑桥，其中明楚藩王曾筑造木桥一座，百姓谓之"王惠桥"。后代在此处重建的新桥，也因袭这一桥名。王惠桥的所在地，即正对望山门。

在老照片和老地图中可见，晚清时期的望山门建筑形制，与邻近的文昌门相类似，也是一座带有直角矩形平面瓮城的城门，城门楼为重檐歇山顶，只是相比于文昌门而言，望山门瓮城更宽一些。此外，与汉阳门相类似，因为城门外毗邻巡司河，为了给瓮城留下足够的纵深，望山门城门楼向城内（即北侧）略微后撤了一些，没有建在城墙所在轴线上。此门后随武昌

图 2-35　1926 年的望山门外景（《天民报图画附刊》第 18 期，1926 年 12 月 25 日）

城墙一并被拆除，今亦难觅其踪，但城门内当年的"望山门正街"，作为地名仍保留至今。在今天武昌造船厂东南侧，还保留着"望山门"的地名。

保安门

保安门是武昌城南面城墙三座城门中的中间一座，也是建筑格局较为特殊的一座城门。从老地图中我们可以清楚地看出，武昌城南面城墙总体呈东西走向，但在中段有一处明显的拐折，而这里正是保安门所在的位置。与其东西两侧的望山门、中和门较为"标准"的城门结构和坐北朝南的一般朝向不同，保安门尽管是武昌城南面城墙上的一座城门，但其却是朝向东南方向。城墙在过中和门后向西，经紫阳湖南端的津水闸后突然90度角折向西南，经过保安门城楼后再次折向西偏北方向。这一特殊的朝向，是为了配合明代楚王府规划而进行的一种具有礼制意义的安排。为了体现各地藩王府与京师皇宫在礼制上的尊卑之别，除了在王府建筑的总体规模、建筑尺寸和色彩、建筑名称等方面有具体的规定外，王府所在城市的城墙与王府之间的位置关系，亦别有设计用心。在明初，除了南京、北京、中都三座京城拥有一条从城墙正南门向北贯穿整个皇宫的中轴线以外，各地藩王就封的府城，其藩王府在选址设计时，许多都会有意避开所在府城城墙的正南门，不与其设置在同一中轴线上。武昌城的保安门本为南墙中部的正门，与楚王府在同一轴线上，为了规避南门正对的格局，保安门便进行了偏转，使其不正对大朝街和楚王府大门，这才形成了这座城门看上去颇为特别的朝向。

除此之外，保安门的瓮城平面造型也非常独特。设在城墙拐角处的保

图 2-36　清乾隆《武昌城垣图》中的保安门、津水闸、额公桥。图中可见保安门及周边城墙弯曲的走向。（清代军机处档折件，021268，台北故宫博物院藏）

图 2-37　1926 年的保安门外景（《天民报图画附刊》第 20 期，1927 年 1 月 8 日）

安门，城楼本身所在城墙长度有限，在城门南侧即折向西北。但保安门瓮城面积却较大，瓮城墙的南侧大大超出了西边城墙的范围，在其西南角复又向东北方向折回一小段，才连接回城墙。从平面上看，保安门瓮城呈一个反写的"G"字形凸出于城墙以外，在其西南侧形成了一段特别的凸出。结合历史上这一城门周边交通格局和地理形势，我们方能理解这一独特瓮城设计的用心。与平湖门西侧宽阔浩渺的长江不同，保安门西南侧的巡司河只是一条并不宽阔的小河。在保安门旁，即建有一座跨巡司河的"新桥"，桥对岸以新桥正街为轴线，也形成了一定规模的街市。显然，保安门外有以东南方向十字正街为中轴和西南方向以新桥正街为中轴的两片街市，这两条主要道路，则以90度角交会于保安门。因此，这座城门成了这两个方向进出城的会津之地，其瓮城除了保卫城门本身，也承担着瞭望、防卫这两个方向道路和街市的重责，是武昌城南面城墙中最为重要的一处守备点。在此情况下，增加瓮城墙长度，并以更大角度环绕城门，也就有了特别的意义。可以说，保安门瓮城西南部这段异形的凸出，主要是为了加强对巡司河新桥以及河对岸街市的瞭望和守卫。

保安门的周边形势，与平湖门颇有类似之处。除了紧邻城墙有一座水闸（津水闸）连通城内湖泊与城外河流之外，城门两侧城墙与河流的位置关系也极为相似。在保安门以西，武昌城墙距离南边的巡司河较近，而由保安门向东，则城墙与巡司河愈加远离，由河岸至城墙之间有着较为宽阔的平地。在这一地区，顺着巡司河的流向，在河的北岸形成了一片以十字正街为中轴的繁华街区，这一片也是保安门外的主要街市。

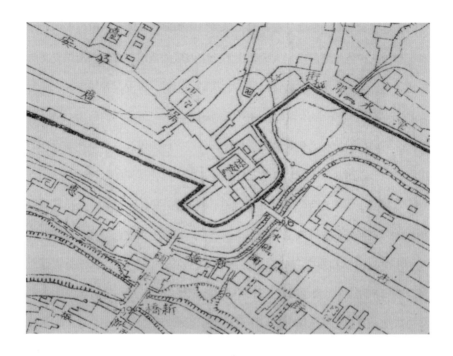

图 2-38　1911 年《湖北省城内外详图》中的保安门瓮城平面布局和城墙走向

　　保安门城楼及瓮城至民国初年仍基本保存完好。从老照片中可以看出，其城楼亦为二层歇山顶阁楼，门洞较西边临江的汉阳门、平湖门等城门更高大，瓮城也显得更宽阔一些，体现出作为武昌城南大门的气派。1930 年代，该城门随武昌城墙一同被拆除。

中和门（新南门、起义门）

　　中和门位于武昌城东南角的山丘——梅亭山西麓，是武昌城南面三座城门中最东边的一座。该门之内的武昌城东南片区，都是明代扩建武昌城垣时新纳入城内的，这座城门及其所在城墙，亦为明代新筑，故而在明初时被命名为"新南门"。嘉靖年间，该门被改名为"中和门"。"中和"语出《礼记·中庸》，其中说到"中也者，天下之大本也；和也者，天下之达道也。致中和，天地位焉，万物育焉"，这说的是儒家所提倡和追求的中正仁和之道。北京故宫前三大殿的中和殿，以及养心殿所悬挂的雍正御笔"中正仁和"匾，亦皆取此意。

　　武昌城总体地势北高南低，南面城墙仅有中和门以东一段，依托于梅亭山之上，显得较为高峻雄伟。而中和门亦建筑于梅亭山西麓尾闾，地势明显高于该门内外的街道。从老照片中可以看出，其门洞亦较为高敞，较之保安门、望山门都显得更加雄伟气派。这座位置偏处一隅，城内亦较为荒凉的城门，却建得较为气派，恐怕是与明代这一带的特殊历史背景有关。正如前述，朱元璋当年征讨陈理时，曾驻跸于梅亭山，其时又喜得六子朱桢，故而做出了"子长，以楚封之"的承诺。可以说，梅亭山是朱元璋的福地，

图 2-39   1926 年的中和门外景（《天民报图画附刊》第 17 期，1926 年 12 月 18 日）

而对楚昭王朱桢而言，其独特而重要的意义更是不言而喻。在明代，梅亭山
上建有"封建亭"，亭内立着朱元璋的分封御制碑[1]，而被城墙圈入城内的梅
亭山西段，又被称为"楚王台"（又称"楚望台"）。故而有明一代，对于楚
藩国都武昌而言，梅亭山都是一座具有特殊政治意涵的山丘。楚王府内的小
丘取名"梅山"，或许亦与梅亭山有关。而位在楚望台封建亭一旁的新南门
（中和门），因此被建得更加雄伟高大一些，也便不难理解了。

中和门外自明代起便是回民聚居之地，门外集中分布有许多牛羊屠宰、
清真餐饮和杂货等商铺。在中和门外正街西侧距离城门不远处，还有一座历
史悠久的清真寺，被称为"中和门清真寺"。至清中叶时，历经几次修缮扩建，

1　清乾隆《江夏县志》卷1，"山川"，第12页。

中和门清真寺已成为武昌规模最大、地位最重要的清真寺，是武昌地区穆斯林的主要礼拜场所。时至今日，在起义街清真寺中，我们仍可看到明清两朝的数块碑刻遗存，记录着清真寺曾经的沧桑历史。

明代虽然将城垣向东南方向拓展，将蛇山以南、紫阳湖以东的大片土地圈入城中，但由于这一带地势低洼，且被湖泊和楚王城阻隔，与西边旧城区来往交通甚为不便，在很长一段时间里仍然较为荒芜，虽然地处城内，却反不如城外的十字街、金沙洲等地繁华。明清以来，这一带长期都作为军队驻扎的营地，在清末编练新军时，一些新军军营、军校和军械库也建于这一带。如步兵第十五、十六协，工程第八营，都位于紫阳湖、长湖以东的荒地。而中和门以东梅亭山西段的北麓，则兴建了一座楚望台军械库。1911 年 10 月 10 日夜，城内的工程第八营士兵熊秉坤鸣枪发难，震惊中外的武昌起义由此爆发，起义士兵随后沿着中和门正街一路向南，迅速占领了楚望台军械库，并控制了一旁的中和门，打开城门迎接驻扎在城外南湖的炮队入城，使起义军迅速集结，并获得了充足的军火弹药和重型武器，对武昌起义的成功起到了极其关键的作用。革命成功后，为了纪念这一段历史，中和门曾被改名为"起义门"，并在城门上悬挂了铁血十八星徽和"起义门"字样。虽然后来该城门曾被政府重新恢复"中和门"之旧名，但"起义门"这一光荣而响亮的名字，已经广为武汉市民所接受，并一直沿用至今。

中和门的平面布局和建筑特征，与西边的望山门颇为接近。重檐歇山顶的城楼向北略微后撤，门外则有一个矩形平面、直角转角的瓮城。由于其承载了辛亥革命武昌起义的光荣历史，这座原本普通的城门，躲过了日后武昌

图 2-40　民国初年的起义门　　　　　　图 2-41　1928 年正在拆除中的中和门瓮城
（《国民革命军第四集团军陆军第二师特别党
政训练部双十特刊》，1928 年 10 月）

城墙被拆除的命运，成为武昌全部老城门中唯一一座保留至今者。当然，今天的起义门已是后世经过多次修缮后的样貌了，其南边的瓮城已不存，城台上的城楼乃 1980 年代重修，但城门洞和城台，则依旧是明清武昌老城墙的遗存，历史价值弥足珍贵。1981 年，叶剑英元帅还亲笔题写了"起义门"三字，并被镶嵌于城门之上。2011 年，为了迎接辛亥革命百年纪念，武汉市还在起义门以东修复了一段数百米长的城墙，与起义门城楼相连接，使得古老的城楼更加恢复了往日雄伟的景观。起义门现已被列为全国重点文物保护单位。

宾阳门（大东门）

宾阳门在明初始称"大东门"，后来虽改名"宾阳"，但"大东门"这一俗名仍为市民口耳相传，一直沿用。如今城墙和城门虽早已不在，但"大东门"这一地名仍然存在。历史上的宾阳门，大约位于今大东门立交桥稍偏西处。

此门"宾阳"一名，语出《尚书·尧典》"寅宾出日，平秩东作"一句。"宾"是接引、引导之意，"宾阳"即恭敬地迎接日出。因此，这一名称的意涵与这座城门坐西朝东的地理位置完全契合，符合中国古代城池中位于东方的城门常见的命名之例。除了武昌城大东门以外，在我国还有其他一些古城的东门有类似的名称，如湖北荆州城东门，名为"寅宾门"，城门楼则名为

图 2-42　1926 年的宾阳门外景（《天民报图画附刊》第 14 期，1926 年 11 月 27 日）

"宾阳楼"；又如安徽寿县古城的东门，也名为"宾阳门"。这两处城门的名称，也都是与武昌宾阳门同出一典，同一寓意的。

作为武昌城的"大东门"，宾阳门与其北侧的"小东门"（忠孝门）相比，建筑规模和体量确实更大一些。从老照片中可以看出，这座城门的城台、门洞、城楼等等，尺寸均要大于武昌其他多数城门，从这一点上便不难看出其重要性。正如我们前面提到的，武昌城的东、南、北三面，被南北两条水弧所环抱，只在北面和东面各有一处陆桥，而这两处陆桥的尽头，正是武胜门和宾阳门的所在地。因此，对于武昌城而言，宾阳门是从东面进出武昌城南半部的唯一通道，而门外的武昌东郊一带，自古以来也是城外开发较早的地区，不仅有长春观、东岳庙、宝通寺等著名宗教寺观，城外的道路更是通往鄂东南各州县的交通干道。因此，宾阳门在武昌城垣的陆上交通格局中有着十分重要的地位，这也是其建筑规模较大的重要原因。正是鉴于宾阳门在武昌城路上交通的重要地位，明代后期，原位于忠孝门外的武昌府将台驿在水毁后重建时，便迁移到了宾阳门外，规模亦有所扩充。[1]

从老地图中我们可以发现，宾阳门外建有一个面积很大的矩形瓮城，其面积与武胜门瓮城相当，明显大于其他各城门的瓮城。这两座城门外设置了如此之大的瓮城，显然也是因为它们处于极为重要的交通位置，需要特别加以防守保卫。值得一提的是，宾阳门城楼很早即已不存，只留下空荡荡的城台，目前我们所能看到的宾阳门老照片中的那座重檐歇山顶的城楼，

1　参见〔明〕郭正域:《武昌府新修将台驿记》，《合并黄离草》卷22。

图 2-43 民国初年由蛇山上俯瞰宾阳门全貌（American Geographical Society Library Digital Photo Archive）

事实上是建在瓮城门上的瓮城楼。关于这一点，我们可以从民初美国地质学家马栋臣在蛇山顶向东拍摄的一张老照片中窥见：这张照片的拍摄角度，恰好可以由内向外俯瞰宾阳门全貌，从中我们可以清楚地看到建在瓮城墙上的城楼，和空荡荡的城台。至于这座城门的城楼毁于何时，则已不得而知，而这座建在瓮城门上的城楼，建筑造型也与武昌城其他各门的瓮城门楼造型颇有不同，亦应为较晚所建。

值得一提的是，在一些近代老照片中我们还可以看到，宾阳门门洞的地面上，铺设有一道铁轨通入城内，这便是清末张之洞所修筑的武昌铜币局

图 2-44　民国时期的宾阳门瓮城楼西面影像，照片中可见清末修建的由宾阳门入城的铜币局运矿铁道（皮忠勇收藏）

运矿窄轨铁路。该铁道由武胜门外彭杨公祠旁的江边码头起，向东过积玉桥后，沿沙湖堤东行，经紫金山向南，由宾阳门入城，沿宾阳门内正街西行，最终通入阅马厂西南面的铜币局中，其用途乃是为了方便铜币局铸币所需的矿石、燃料的运输，宾阳门也由此在近代成为小火车开进城内的一处通道。此外，1936 年新建成的武昌总站，也设在宾阳门外不远处，其落成后取代了通湘门站，成为民国时期粤汉铁路在武昌地区的中心客运站。可以说，在

图 2-45　正在拆除中的宾阳门，此时瓮城楼已拆，仅余城台和门洞。
（《图画时报》第 561 期，1929 年 5 月 12 日）

近代武昌古城的历史中，宾阳门是一处与铁道结缘颇深的城门。

国民政府时期开始拆除武昌城墙，不久后宾阳门即被拆除。瓮城楼首先被拆，城台和城墙则稍后被全部拆除。如今"宾阳门"一名已不大为人所知，但"大东门"一名，则仍沿用至今，向世人昭示着曾经的武昌古城东部入口的位置。

忠孝门（小东门）

忠孝门与宾阳门相距不远，同为武昌城东面城墙的城门。该门位于蛇山以北，是由东面进出武昌城北半部的唯一通道。因城门规制小于宾阳门，故在明初与"大东门"相对应而得名为"小东门"。明代中后期门改名为"忠孝门"，但民间仍长期沿用"小东门"之名。

忠孝门的得名，直接来源于附近的"忠孝祠"。此"忠"乃精忠报国之岳飞，此"孝"乃哭竹救母之孟宗。孟宗在很多史籍记载中皆被认为是江夏人，而岳飞虽籍今河南汤阴，但常年驻兵鄂州，更被追封为"鄂王"，与武昌城关系密切。这两位"忠孝"先贤，历代以来皆为武昌当地百姓士人所崇敬和奉祀。明朝弘治三年（1490年），冒政出任武昌知府，旋即将原本"库陋湫隘"的孝感庙迁至城东小东门附近新址重建。弘治十一年（1498年），冒政又决定将岳飞和孟宗在该庙合祀，"乃分龛置主，更其额曰'忠孝'，露台中拓，帛亭分峙，余无加于旧焉"[1]。由此，孝感庙便成了"忠孝祠"，在随后嘉靖年间武昌部分城门改名时，附近的小东门也因之而改名"忠孝门"了。

正如前文所述，武昌城墙在忠孝门以南爬上蛇山，向东沿着山脊延伸至东山头角台，再向南下山连接宾阳门。这段高居蛇山山顶的城墙，连同东山头的角台，共同构成了一处地形绝佳的军事防卫要塞，而其主要防守的对象，便是北边的忠孝门及忠孝门外正街一带街市。有了这段城墙的拱卫，忠孝门在防守性上已可谓固若金汤，但尽管如此，这座城门本身的结构设计，

---

1 〔明〕王鏊：《武昌忠孝庙碑》，《震泽集》卷21。

仍然毫不含糊。由于忠孝门所处地段，城外较为荒僻，地势相对开阔，为瓮城墙的建造留下了较为充足的空间，因而忠孝门尽管没有宾阳门瓮城那样巨大，但在武昌各城门中，依然是瓮城面积较大、向外凸出较多的一座城门。另外，与武昌城其他各城门瓮城多呈直角矩形平面不同，忠孝门瓮城是以弧形转角的，且瓮城宽度不大，纵深却较长，这也与其他各城门瓮城的平面形状颇不相同。民初美国人马栋臣在蛇山东山头向北拍摄的一张照片，恰好从南面向北拍下了忠孝门南侧面的全景，使我们可以较为清晰和准确地从中窥见这座城门的格局和建筑特点。照片中可见，忠孝门城楼亦为重檐歇山顶，瓮城墙高度略低于城台，瓮城门亦为一座较为矮小的硬山顶阁楼。

　　明代中前期，武昌府的将台驿曾设于忠孝门外湖滨地带，后因年久失修，又被洪水淹没冲毁，乃迁移至宾阳门外重建。[1] 此外，忠孝门外北侧湖边地区，在明清时期还建有一座"养济院"。养济院是中国古代城市中收养孤寡老人、贫民乞丐的慈善救济机构，一般皆由政府出资修建。养济院和忠孝祠，共同构成了忠孝门周边以慈孝文化为特色的街区。

　　忠孝门在1930年代亦随武昌城墙一同拆除，今已无存。但城内外的忠孝门正街一直保留至今，仍名为"忠孝门路"。今天在武昌小东门十字路口西边不远处，我们仍可以看到竖立着"忠孝门"路牌的这条古老的小巷。此外，2018年10月通车运营的武汉地铁7号线，在这一带亦设有"小东门站"，这也是武汉地铁中唯一与武昌老城门有关的站名。

1　参见〔明〕郭正域：《武昌府新修将台驿记》，《合并黄离草》卷22。

图 2-46   1926 年的忠孝门外景（《天民报图画附刊》第 16 期，1926 年 12 月 11 日）

图 2-47   民国初年的忠孝门南侧远景照片（American Geographical Society Library Digital Photo Archive）

武胜门（草埠门、草湖门）

武胜门位于武昌城北墙中部，是整段北城墙中唯一的一座城门。近来因地铁 5 号线和和平大道南延线的施工，有关部门在武胜门原址一带进行了考古发掘，附近发现了若干有南宋年号字样的城砖，这很可能说明此门早在宋代便已存在，应是当时鄂州城外郭北段的一座城门，由此也进一步证明至少在南宋时期，鄂州城外郭北面就已拓展至凤凰山、螃蟹岬一线，与明代武昌城垣北段同址。这座城门在明初原名"草埠门"（又有"草湖门"之写法），一说认为，因武昌城内军营马草由此运输入城，故谓之"草埠"，另有一说则认为此名中之"草"，乃是指门外沙湖之水草丰茂之景。至于后来改名"武胜"，则显然是军事文化上的寓意。事实上，这一带在清代确曾有诸多与军事有关的地名，如戈甲营、正卫街、马道门等。其中马道门巷紧邻武胜门内，正对城门东侧上山登城的马道，故而得名。在清代乾隆年间绘制的《武昌城垣图》中，我们可以清楚地看到武胜门东侧这一登城马道的存在。

武胜门外，至今仍有"积玉桥"这一地名，积玉桥据称本名"鲫鱼桥"。武昌城北城墙外拥有较为宽阔的城壕，稍远处更有浩渺的沙湖，城外是一片水天一色的壮美景象。每逢江湖水涨，这一带便有许多鲫鱼回游至此，沙湖鲫鱼也成为附近居民主要捕捞的水产，这座桥梁也因此得名"鲫鱼桥"。后来可能是由于谐音，逐渐演变成了"积玉桥"，并沿用至今。

武胜门外，在明清时期还有两座重要的祭祀神坛，即"社稷坛"和"厉坛"。社稷坛即古代祭祀社稷的神坛，"社"为土神，"稷"为谷神，在古代中国的

图 2-48　清乾隆《武昌城垣图》中所绘武胜门及其东侧登城马道

（清代军机处档折件，021268，台北故宫博物院藏）

图 2-49　清雍正《长江图》中的武昌城及城外北郊一带

（台北故宫博物院藏明清舆图，平图 020879）

农耕文明下,对社稷的祭祀历来是封建国家高度重视的礼制活动。明清时期,不仅在京城设有社稷坛,每岁春秋由皇帝亲临致祭,在全国各府州县也各自建有社稷坛。武昌作为明代楚藩的王城,其社稷坛在当时更是由楚王亲临祭祀。厉坛则是祭祀厉鬼之坛,古人认为生前冤怨未了,死后无所归依的鬼魂,都会变为"厉鬼",在人间制造瘟疫和灾祸。明初洪武年间,朱元璋在全国普遍建立了厉坛祭祀制度,各府州县都要在城外设立"厉坛",专门祭祀厉鬼,祈求平安。根据明清史志的记载,武昌府的社稷坛和厉坛均位于"武胜门外五里"。[1] 在清雍正年间所绘《长江图》中,武胜门外不远处标有"社坛阁"(此"阁"当为"角"之讹),而在光绪年间的《武汉城镇合图》中,则标有"厉坛角"一名,可见厉坛、社稷坛当相距不远,都位于武胜门外上新河口上游一带。清末以后此地的地名"塘角",正是由"坛角"讹变而来。

正如前述,武胜门是武昌城北面唯一的城门,其天然山水形势雄伟险要,在武昌各城门中可谓独一无二。由筷子湖北端向东直至螃蟹岬东山头,全长约三华里的武昌北城墙,几乎全部依山而建,依托凤凰山、螃蟹岬一路蜿蜒。唯独在两山之间有一处峡地,武胜门便建在此处,而城门外分为东西两段的城壕,也是全部武昌城护城河中最宽的一段。在这样山丘拱卫、江湖环抱的天然形势之中,武胜门位居当中,扼守全城北面唯一的陆上通路,其地位之重要不言而喻。正是有鉴于此,与东边的宾阳门类似,武胜门的瓮城面积也格外之大。由于瓮城巨大,其内逐渐形成了街市,在清代武胜门瓮

1　清康熙《湖广武昌府志》卷3,"坛祠"。

图 2-50　1926 年的武胜门瓮城门外景

《天民报图画附刊》第 20 期，1927 年 1 月 8 日）

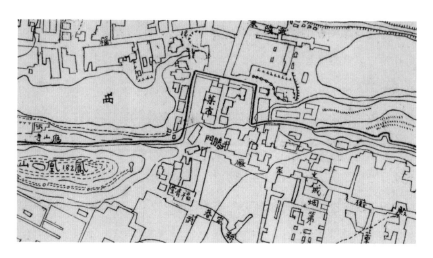

图 2-51　1911 年《湖北省城内外详图》中的武胜门

城内便已有一处繁华熙攘的菜市场。1926 年北伐军占领武昌并打开城门后，曾有记者在武胜门上向北拍下了一张瓮城内街市的照片，为我们了解武胜门瓮城的历史原貌提供了珍贵资料。

1899 年在伦敦由英国基督教伦敦会出版的《扬子江流域》一书中，收录有一张新落成的伦敦会武昌教堂（即武昌昙华林崇真堂）的影像。在教堂后方不远处，可见醒目的武胜门城楼，这是目前所见唯一一张清代武胜门

图 2-52　1926 年的武胜门瓮城内景（《图画时报》第 324 期，1926 年 10 月 24 日）

图 2-53　晚清时期的武昌崇真堂与武胜门

（Mrs. Arnold Foster, "*In the Valley of Yangtse*", London: London Missionary Society, 1899.）

城楼建筑的清晰照片。从照片中可见此时的武胜门城楼为两层歇山顶江南建筑风格的楼阁，门洞上方亦建有照壁一座，建筑形态与武昌其他各城门类似。从清末老地图及 1926 年武昌城墙拆除前夕的老照片来看，武胜门与宾阳门类似，在清末民初时城楼即已不存，只留下城台和瓮城。只是与宾阳门瓮城建有重檐歇山顶的宽大城楼不同，武胜门瓮城与近代照片中所见的武昌其他各城门一样，瓮城门亦为一座较小的单檐硬山顶门楼。在武昌城墙开始拆除后，武胜门及其瓮城墙亦随之被拆除，但根据最新考古发现，该城门墙基部仍有部分残存，埋于地下。

图 2-54 晚清时期武胜门复原效果图（华中科技大学人居环境VR仿真实验中心制图）

通湘门

武昌城垣自明初始建以来，明清两代一直维持着上述九座城门的格局，直至清末，湖广总督张之洞又在城墙东南面增开了一座新的城门，使得武昌城墙最终拥有了十座城门。这座清末新开的城门，便是通湘门。

通湘门的开设，与清末粤汉铁路的筹建有着直接关系。当时，清政府在开始建设京汉铁路的同时，也着手筹划开建川汉铁路和粤汉铁路，其中粤

图 2-55　1926 年的通湘门外景（《天民报图画附刊》第 14 期，1926 年 11 月 27 日）

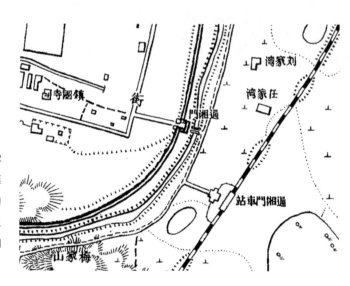

图 2-56　1922
年《武汉三镇
街市图》中的
武昌通湘门及
粤汉铁路通湘
门车站

汉铁路的北终点即在武昌。张之洞计划将武昌的终点站设在城北郊外的徐家棚地区，并将那里划设为武昌商埠区。按照规划，粤汉铁路干线铁路由徐家棚起向南，从武昌城垣东面经过，通往咸宁乃至湖南省方向。在过城垣附近时，张之洞没有在既有的宾阳门外设车站，而是决定在宾阳门和中门之间的城墙中另辟一新城门，并在门外设站。他如此规划，乃是鉴于武昌城内东南部地区长期开发滞后之局面。将来粤汉铁路恰将从城垣东面经过，为了充分依托铁路的建设，带动这一区域的开发，张之洞决定在东南城垣内建设"千家街"新市区。这座新城门和门外车站的规划建设，也是为了进一步方便城东南一带的交通，以促进千家街新市区的发展。并在城垣东南角增开一门，方便将来粤汉铁路在此设站。由于粤汉铁路由武昌向南首先经过湖南，且当时武昌至长沙段也率先开始建设，故而此门便命名为"通湘门"。这一新开城门的计划，自 1907 年 7 月即已提出，至 1908 年 1 月正式竣工验收。[1]

作为近代新开的城门，通湘门的建筑形制与武昌城其他九座老城门颇为不同。这座城门纯粹是为了方便交通而设，并无军事防御上的考虑，故而城门洞开得非常大，这显然是为了适应日后城市交通的发展和新道路的建设。通湘门门洞上方也没有建设城楼，只建有稍高于两侧城墙的平台而已，门外也没有建设瓮城。因此，通湘门事实上只是城墙上打开的一处门洞而已，并非传统意义上的城门。武昌拆城时，该门亦随城墙一同拆除，今已无迹可寻。不过当年城门外的粤汉铁路通湘门车站，则已扩建发展为今天繁忙的武昌火车站，而在此南来北往的列车，更是通达全国各地了。

---

1 参见《添辟通湘门》，《新闻报》1907 年 7 月 18 日，第 4 版；《验收通湘门工程》，《时报》1908 年 1 月 12 日，第 5 版。

第三章

变革的城

机器轰鸣：近代工业的起步和发展

众所周知，清末张之洞任湖广总督期间，在汉阳地区建立了以汉阳铁厂、湖北枪炮厂为代表的一系列重工业企业，使武汉一跃成为近代中国内陆重要的工业都会，在近代中国工业发展史上占据了重要地位。不过，张之洞对武汉工业发展的贡献绝非仅限于重工业领域，在地域上也并不只局限于汉阳地区。他以汉阳地区的钢铁、军工工业为重点，同时在武昌地区也建设了以纺织工业为基础，逐步扩展至造纸、制革等领域的轻工业集群，从而开启了武昌古城近代工业发展的序幕，奠定了武昌作为近代中国内陆重要轻工业基地的历史地位。

在"男耕女织"的中国传统农业社会中，纺织品一直是传统手工业的主要产品之一。然而近代工业革命后，西方开启了机器纺织时代，鸦片战争后，这些成本低廉、质量上乘的机制纺织品大量销入中国，对传统手工纺织业造成了巨大冲击。不过在这一过程中，国内有识之士也看到了商机。当时，东部沿海一带已纷纷开始出现民族机器纺织企业，而在内陆的武汉地区，最早开启近代纺织工业历史进程的，正是湖广总督张之洞。

早在张之洞就任两广总督时，就曾计划在广州创办一所"广东织布局"。张之洞于 1889 年向清廷上奏《拟设织布局折》，表达了对于在粤开设机器纺

图 3-1　清末湖广总督张之洞

织企业的强烈愿望。他在奏折中写道："窃自中外通商以来，中国之财溢于外洋者，洋药而外，莫如洋布、洋纱……棉布本为中国自有之利，自有洋布、洋纱，反为外洋独擅之利。耕织交病，民生日蹙，再过十年，何堪设想？今既不能禁其不来，唯有购备机器，纺花织布，自扩其工商之利，以保利权。"[1]因此，他计划在广州开办一所"织布官局"。此后不久，广东织布局开始筹建，但同年张之洞便调任湖广总督，他随即将正在筹备中的织布局，也一并

---

[1]　张之洞:《拟设织布局折》，光绪十五年八月初六日，赵德馨主编、周秀鸾点校:《张之洞全集》第 2 册，武汉：武汉出版社，2008 年，第 224 页。

移至武汉继续兴建。在武汉，张之洞精心设计了三镇的工业布局：在汉水南岸的汉阳沿河地带，建设以铁厂、枪炮厂为核心的重工业带，而武昌沿江地区则建设以纺织业为核心的轻工业带。其中由广东织布局迁来并改名的"湖北织布官局"，便被张之洞选址布置于武昌城墙文昌门外皇华馆以南的沿江地区。张之洞的这一工厂选址，紧邻长江江岸，以水路进行原料和产品的运输较为便利，而且又毗邻湖广总督府，工厂设在张之洞的眼皮子底下，便于他随时监督和管理。织布局出于防火考虑，主要厂房建筑均采用了钢结构，梁柱、屋架、屋瓦等皆为钢铁材料，是武汉地区最早的钢结构工业建筑。经过两年多的建设，至 1892 年，湖北官布局已初步建成。当年 2 月，上海的英文报纸《北华捷报》曾报道称："扬子江畔的棉纺织厂正在快速呈现出繁盛的景象。那高耸的烟囱，成了江边风景的新点缀，甚至某种程度上已取代了几年前毁于火灾的黄鹤楼……工厂的烟囱已开始冒烟，厂内的一部引擎已经开车运转。由于所有的建筑都只有一层楼，因此这座纺织厂占地广袤，各厂房面积也很大。在一间宽敞明亮的车间里，99 台梳棉机已安装妥当，众多作为工厂学徒的小男孩在周围徘徊驻足，期待着这些机器的开工。当然，仍有许多工程有待完工，不过，在今年夏天到来之前，全部建筑应该可以竣工。"[1] 最终，湖北织布官局于 1892 年 11 月 20 日正式投产。

官布局虽然名为"织布"，但实际上是一座包括了从清花、梳棉、粗纺、

1　Wuchang, *The North-China Herald and Supreme Court & Consular Gazette*, Vol. XLVIII, No. 1281, Feb. 19th 1892.

图 3-2　湖北织布官局大门（陈一川收藏）

细纺到织布全过程的棉纺织厂，产品既有棉布，也包含棉纱。该厂机器设备均由张之洞委托清廷前后两任"出使英、法、意、比四国公使"刘瑞芬、薛福成向英国勃拉特、布鲁克等厂商订购，并聘请英国工程师摩里斯负责指导安装。据《武汉市志·工业志》记载，开工之初，官布局全厂即装有布机 1000 台，纱锭 30400 枚，这一规模在晚清民国时期的武汉纺织工业史上，亦堪称宏大了。

为了尽快使官布局的生产走上正轨，张之洞实行了一系列配套措施，首先是增加聘请洋技师，加大对工人的培训力度，使其尽快熟悉新式布机操作。此外，为了提高棉布质量，张之洞采纳外商建议，决定引进美国优质棉种，代替本地土棉，在武汉周边州县广泛种植。1893 年以后，这些优质洋棉取得了良好收成，所产棉花大部分都供给湖北官布局。1894—1896 年间，湖北官布局每年出产的原色布和纹布合计均在 7 万匹以上，是其在清末生产状况最好的时期。

织布官局投产后不久，张之洞即发现，"沿海各口上午情形，洋纱一项进口日多，较洋布行销尤广。江、皖、川、楚等省，或有难销洋布之区，更无不用洋纱之地"[1]。湖北官布局的经营情况也印证了这一点，其所产棉纱的销路明显好于棉布，布机开工不足，纺纱部却能全力生产。有鉴于此，张之洞除了在官布局内部进行调整，增加棉纱产量，减少棉布产量以外，更萌生了另外专门再建一座纱厂的想法。1894 年，张之洞决定"招商集股，订购纺纱机器，即在鄂省文昌门外附近织布局购地，添设南、北两纱厂"[2]，即"湖北纺纱官局"。该厂南面毗邻文昌门，北边紧邻官布局，在建筑空间上与官布局紧密相连，可视为它的延伸。官纱局创办之初，计划采用官商合办的经营模式，两方各持股本 30 万两。其设备由上海比利时良济洋行及德国瑞记洋行订购，共计纱锭 90700 枚。张之洞本计划开办南、北两厂，至 1897 年北厂完工投产，安装纱锭 50064 枚，而南厂则未按计划投产，因张謇筹办纱厂缺乏资金，张之洞同意将官纱局南厂的纱锭折价作为官股投入，由张謇用于创办南通大生纱厂了。

在大兴棉纺织业的同时，张之洞还注意到，湖北本地盛产优质生丝，但因传统手工缫丝技术不精，所产丝织品质量不佳，销路不广，利润亦薄。因此，

1 张之洞：《增设纺纱厂折》，光绪二十年十月初三日，赵德馨主编、周秀鸾点校：《张之洞全集》第 3 册，武汉：武汉出版社，2008 年，第 204—205 页。
2 同上。

他认为在湖北引进现代缫丝织绸技术，开办机器缫丝厂，将有良好前景。早在甲午战前的 1893 年，张之洞即派员前往上海、广东等地考察新式机器缫丝厂，次年他又将湖北所产蚕茧寄往上海，请上海的缫丝厂用机器缫丝，以证明鄂产蚕茧完全可以适应新式机器缫丝的生产需要。有了这些前期准备，张之洞便决心在武昌也开办一座缫丝厂。1895 年，湖北缫丝官局开工兴建，次年竣工。缫丝局选址武昌城望山门外迤西的巡司河口北岸地区，亦十分临近湖广总督府。缫丝局建成后，从长江边文昌门码头沿巡司河东岸至缫丝局前的道路，也得到拓展修筑，并被命名为"缫丝局正街"。缫丝局共装有缫

图 3-3　湖北缫丝官局大门（Billie Love Historical Collection, BL03-051, Univer-sity of Bristol-Historical Photographs of China.）

丝锅 208 釜，每日可出丝上等品 30 斤，普通品 18—19 斤。其原料皆用湖北本地蚕茧，其品质稍逊于江浙蚕茧，但制成之丝，质量亦属上乘。

除了棉花和桑蚕以外，湖北也是中国内陆传统的种麻大省，但长期以来只能依靠效率低下的传统手工生产方式制麻，所产的苎麻等原料，大部分只能低价转卖给外商。张之洞有鉴于此，便委其幕僚、负责总办湖北织布纺纱局事务的候补道员王秉恩负责调查制麻一事，"迅觅专业此项织造之洋人，考求机器值计价值，订立合同"，并实地考察张之洞此前在平湖门外购买的一块空地是否适合用来兴办此厂。1898 年，王秉恩向张之洞回报，经过考察，认为与德商瑞记洋行签订合同最为适宜，并拟出了具体的合同金额和内容，并认为平湖门外基地"经该洋商丈量合用，应请批给为制麻布厂建造之用"[1]。于是，张之洞批准了王秉恩的计划，湖北制麻官局随即开始动工兴建。制麻官局选址在平湖门外北侧，东靠城垣，西临江岸，北边不远处即是黄鹤楼故址，在四局中占地面积最小。全厂分为一、二两厂，有织麻机、纺细麻机、缫丝机、宽织布机等多种设备，每日产麻最高达 300 斤。

以上布、纱、丝、麻四局，是湖北近代机器纺织工业的开端，也拉开了武昌古城近代工业发展的序幕，在古城近代化的历史进程中具有里程碑式的意义。然而，尽管四局设备先进，规模宏大，但在清王朝旧式官僚体制的束缚之下，其发展皆受到了严重干扰和束缚。各局皆因管理方式落后，官僚习气浓厚，管理层内部矛盾重重等原因，在开办不久后便每况愈下，乃

---

1 张之洞：《札道员王秉恩创设制麻局（附单）》，光绪二十四年三月二十七日，赵德馨主编、吴剑杰点校：《张之洞全集》第 6 册，第 120—121 页。

图 3-4　民国初年的武昌黄鹄矶以上沿江地区，照片近处的厂房和烟囱为制麻局，远处江边较高的烟囱所在地为织布局，更远处为纺纱局。(American Geographical Society Library Digital Photo Archive)

至长期陷于产品滞销、经费不足的困境之中。至 1902 年，清政府再也无力继续以官办的方式维持四局，便将它们悉数招商承租了。

除了四局以外，清末湖北还开办有湖北毡呢厂、湖北制革厂、白沙洲造纸厂等企业。毡呢厂位于武胜门外的下新河东岸（今华电武昌热电厂一带），创办于 1908 年，为武汉最早的一家毛纺织企业。该厂亦从德商礼和、信义两家洋行订购最新设备，规模宏大，技术精良。湖北制革厂位于武昌城外东南的南湖西岸（今南湖成功花园一带），1907 年始创。该厂建筑由德国工程师设计，机器设备也采购自德国，所产皮件主要供湖北枪炮厂生产军械所需之皮带、刀鞘、弹匣、马鞍等配件。白沙洲造纸厂则位于武昌南郊巡司河以南的白沙洲江岸，东靠武金堤，西临长江。该厂于 1907 年始建，1910年正式投产，生产毛边纸、印书纸等纸品。该厂及机器设备亦从美国、英国、比利时等国进口，厂内聘有外国工程师作为技术指导。不过，这些官办工厂也不免陷入和四局同样的命运，最终无力经营，只得招商承办。

随着四局的招商承办，武昌近代工业发展进入了一个新的阶段。1902 年，张之洞决定对四局实行官督商办，官府只派员监督，工厂完全交由商民自办，自负盈亏，每年向官方缴纳租金，但维持原有的厂名不变，所有权亦仍属官方。首先承租的是广东商人韦应南的应昌公司，韦应南集资 80 万两，年租金 11 万两，租期 20 年，经过整顿，获利颇丰。然而 1911 年，湖广总督瑞澂以应昌公司违规私用股票抵押借款为由，强行收回了四局承租权，转而由张謇的大维公司继续承租。辛亥革命后，应昌、大维两家公司围绕四局承租权互不相让，争夺激烈，鄂督黎元洪遂决定停止向两家公司出租，转而由楚兴公司承租。楚兴公司承租四局期间，恰逢第一次世界大战爆发，中国民族工业发展迎来春天，棉纺织业更是其中异军突起的繁荣领域，加之楚兴公司的徐荣廷、苏汰余、张松樵等管理人员精明干练，经营有方，并重视技术革新和人才培养，使得四局发展迎来了前所未有的黄金时代。在这一过程中，徐荣廷等人也开始另立门户，发展自己的纺织工厂，筹划建设大兴纱厂和裕华纱厂，并最终发展为裕大华纺织资本集团。而四局此后又有楚安公司、开明公司、福源公司、民生公司等企业先后承租，经营状况时好时坏。抗战

图 3-5　原武昌裕华纱厂门楼上的裕大华纺织集团标志，由齿轮、梭子、锭子三种图案组成，类似标志在同属裕大华集团的西安大华纱厂老车间上亦可见到。
（摄于 2011 年 10 月）

爆发后，湖北省政府从民生公司手中强行接收了四局，由省建设厅成立四局整理委员会，重新改为官办企业。随后不久，在武汉沦陷前夕，四局设备一部分迁往陕西，一部分迁往四川，留汉部分则被毁或被日军劫走。

　　由张之洞在 19 世纪末所开启的武昌近代工业化进程，其最初的工业布局，奠定了此后数十年间武昌地区工业发展的大格局。尽管四局本身的发展历程可谓命运多舛，步履维艰，但以棉纺织工业为核心的轻工业集群，始终是武昌近代工业发展的主要结构。从民国初年开始，武昌地区的棉纺织工业有了进一步的大发展，涌现出一大批新的民族纺织企业。除了由承租四局的楚兴公司孕育出的裕华纱厂以外，在武昌北郊沿江地区，还先后诞生了汉口第一纱厂、武昌震寰纱厂两个大型民营纺织企业。

第一纱厂的主要创建者是李紫云。李紫云原为汉口本地富商，1915 年，他邀集其他一些商人共同集资，在武昌积玉桥创办了"商办汉口第一纺织股份有限公司"。第一纱厂向英商安利英洋行订购纱锭 4.4 万枚，布机 600 台，1920 年正式建成投产。由于销路甚好，收益丰厚，一纱又决定扩建规模，于 1923 年在原厂房南面扩建新的南厂。扩建后的一纱南、北两厂，共计有纱锭 8.8 万枚，布机 1200 台，工人数千人，出产狮秋、琴台、飞艇等品牌棉纱及福寿图、双喜等品牌棉布。一纱的规模，在民国初年的整个华中地区，都堪称首屈一指。一纱厂区建筑恢宏华美，布局精巧，其大门正对的办公楼为一栋欧式古典主义钟楼建筑，坐东朝西，其中轴线向西的延长线，正对长江对岸的汉水入江口。钟楼南侧不远处为厂内动力室，其所建烟囱高耸入云，是近代武昌所有工业建筑中最高的一根，在民国时期，一直是武昌积玉桥沿江一带的地标性建筑。如今，一纱当年的钟楼依然仁立在原地，已被列为湖北省文物保护单位。

震寰纱厂位于上新河南岸，与裕华纱厂隔河相望，由刘逸行、刘季五兄弟与汉口大买办刘子敬合作创办。刘逸行、刘季五兄弟来自近代汉口著名的刘鹄臣家族，武汉著名药号"刘有余药堂"便是其家族产业。而刘子敬及其父亲刘辅堂，则是近代汉口赫赫有名的茶商，为俄商阜昌洋行的买办。刘逸行、刘季五兄弟曾出资参与民初汉口第一纱厂的创办，刘季五还曾出任一纱的副董事长兼副总经理。后因与其他股东意见不合，兄弟二人退出

图 3-6　民国时期的第一纱厂（江汉关博物馆）

图 3-7　1930 年的武昌震寰纱厂

了一纱，后联合刘子敬，于 1919 年在武昌下新河新创了震寰纱厂，刘子敬出任董事长。刘氏兄弟早年皆曾留学日本，刘逸行乃日本早稻田大学毕业，学习土木工程，震寰纱厂的建筑就由其亲自设计，采用了当时最前沿的钢筋混凝土框架结构，主车间为一栋沿上新河岸呈"一"字形布置的长条形三层建筑群，从清花车间到织布车间一路排列，中以过街楼相连。建筑外观简洁优美、布局紧凑、结构先进，是当时武昌沿江各工业建筑中的优秀代表。工厂自 1922 年正式开工，1923 年全部设备安装到位，共有纱锭 2 万枚。1925 年又扩建布厂，装有布机 250 台。然而，由于震寰纱厂筹建较晚，错过了中国纺织工业发展的黄金时机，加之建厂初期负债过多、自身管理不善等原因，其经营长期陷于困境之中。

伴随着四局改为招商承办，民族资本家开始在更多领域和层面参与到武昌近代工业发展的历史进程中。除了纺织领域以外，这一时期最具代表性的企业，还有位于武昌白沙洲的耀华玻璃厂。该厂于 1906 年由浙江商人林友梅创立，资本 60 万两，聘请英、德两国技师设计建造。设备均自德国采购，厂内还有两名英国技师负责生产技术指导，所出产品为平板玻璃和玻璃器皿。不久之后，工厂卖给上海沅丰润，辛亥革命后一度倒闭。1920 年恢复生产，改名湖北玻璃厂，继续生产平板玻璃和玻璃器皿。抗战期间，工厂被日军窃占，损失惨重，抗战胜利后由湖北省汉口酿造厂接收。据湖北酿造厂经理解承堪 1947 年所述，湖北玻璃厂"一切设备及生产记录，均毁于敌，目前只留残余之断墙"[1]。该厂厂址位于望山门外巡司河南岸，南面

1　解承堪：《湖北玻璃工业之展望》，《半月通讯》第 19、20 合期，1947 年 7 月。

靠近武金堤武庆闸。厂区东西南三面被水塘包围，至今这一带仍有"玻璃塘"
地名留存。

在武昌古城近代化的历史进程中，近代城市生产生活所必须的水电事业
也开始起步。早在 1906 年，当汉口既济水电公司开始创办之时，张之洞便
同时有了在省城武昌也鼓励商人投资兴办电灯公司的计划。1906 年曾有报
道称："湖北武昌市面，近来日见繁盛，而官立之学堂局所，亦愈增多。兹
有商人拟承办武昌电灯，约计警察局所设街灯及各官署、局所、学堂，一律
改用电灯，已足敷养机之用。闻日内已组织完备，拟即禀请上台批示办理云。"[1]
不过，直到辛亥革命前夕的 1911 年，这一创办武昌电灯公司的计划方才得
到湖广总督的批准，并"分咨农工商、邮传两部查照复准在案"，但旋即因
辛亥革命的爆发而被搁置，直至 1915 年 1 月"始克成立"。[2] 该厂厂址设于
武昌城内烈士祠后的清末工艺厂旧址（今辛亥革命博物馆附近），毗邻长湖。
厂内初期装置有英国产 240 千瓦、50 赫兹交流发电机 1 台，1920 年增装同
型号发电机 1 台。

1921 年秋，该公司又在武胜门外砖瓦巷一带另建新厂，次年安装英国
产 800 千瓦、40 赫兹发电机 2 台。为了筹措扩建新厂的资金，武昌电灯公
司向日本东亚兴业会社大量借债，导致企业被日人实际控制，引发本地商民
不满和抵制，致使电厂经营难以为继。日方遂于 1926 年春，"将房屋、机械、
一切电料及用户欠款，卖于吴干丞、左仁亲、周小泉、项仰之等，改名'武

---

1 《拟办武昌电灯》，《北洋官报》第 927 期，光绪二十二年二月初三日。

2 《咨湖北巡按使武昌电灯公司应准注册给照由》，《农商公报》第 2 卷第 3 期，1915 年 10 月。

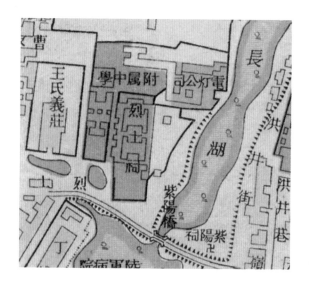

图 3-8　约 1930 年《新武昌市实测详图》中的武昌城内发电厂

昌竟成电灯公司'"[1]。然而由于资金不足，竟成电灯公司此后一直陷于困境，长期没有扩建产能，至 1936 年方才再装 2300 千瓦及 800 千瓦交流发电机各一台。[2] 不过,该厂在民国时期仍是武昌市区最主要的供电企业,其所发电能,照亮了武昌古城的夜晚，是武昌城市近代化历史上民用发电的肇端者。

1936 年，随着粤汉铁路的全线通车和长江大桥建设计划的预备实施，武昌未来的工商业发展将迎来大好前景，用电量势必大增，因而国民政府有意在武昌建造一座规模宏大的新电厂。1937 年夏，经过多次实地调查，国民政府中央建设委员会决定在武昌建设一座装机容量达 2 万千瓦的大型发电

1　张继龄：《办理武昌电灯局计划书》，《建设月刊》第 1 卷第 1 期，1928 年 1 月。

2　武汉地方志编纂委员会主编：《武汉市志·工业志》下卷，武汉：武汉大学出版社，1999 年，第 1532—1533 页。

图 3-9 原竟成电灯公司大堤口电厂的发电机转子，现陈列于湖北电力博物馆内。

厂，其所发电力，不仅供应武昌城区工商业和居民用电，更计划以跨江输电线路向汉口供电，以之作为未来武汉三镇的核心电厂。"此大电厂之厂址，现经察看数处，认为武昌徐家棚附近之毡毛厂地方最为适宜。一则因该处位于江边，取水方便，一则因该处距离粤汉铁路甚近，便于运煤。"[1] 虽然这一宏伟的新电厂计划，随后因抗战爆发而流产，但抗战胜利后所建设的武昌电厂，仍选址于下新河的毡呢厂旧址。时至今日，这里仍是武昌热电厂之所在。而当年在大堤口砖瓦巷竟成电灯公司所装之一部发电机的转子，至今仍陈列于汉口合作路湖北电力博物馆展厅内，成为近代武昌电力工业发展的珍贵见证物。

---

1 《武昌将设大规模发电厂》，《兴华》第 34 卷第 20 期，1937 年 6 月 2 日。

　　与电力事业相比，武昌城区自来水事业起步相对较晚。当汉口居民早在清末即已用上宗关水厂生产的自来水时，省会武昌城中的市民，直到1930年代初，仍只能饮用江水或湖塘井水。在北洋军阀统治时期，湖北政要刘承恩曾计划筹资创办武昌自来水公司，并得到北洋政府农商部批准登记注册[1]，然而在军阀治鄂时代，这一民生工程最终不了了之。至国民政府时期，又于1929年和1931年先后两次拟办武昌自来水厂，并都选定武昌上游江岸的原白沙洲造纸厂旧址为自来水厂厂址。[2]这两次规划，皆由林和成工程师主持设计，"择定白沙洲造纸厂为水厂，水由新桥入保安门，过大朝街、阅马厂，登蛇山高蓄水池，再由输水系送达全市……水厂建沉淀池2座，中分8池；建快性砂滤池一座，亦分8池；又建清水池1座，内分2池；又蛇山高蓄水池一座"[3]。然而因为建设方案耗资巨大，这两次规划仍然无疾而终。

　　在城郊的珞珈山已先行通水之后，武昌城区的自来水事业，至1933年终于迈出实质性步伐。这年3月，省建设厅鉴于武昌自来水事业长期未能兴办，不可再缓，遂由厅长李范一向省政府委员会提案，建议缩小规模，先在靠近城区的江岸择地建设一座临时水厂，以应急需。此前在北伐战争时，湖北纺织四局中的制麻局被炮火殃及，受损严重，1931年又被洪水所淹，已陷于停产。建设厅遂决定将平湖门外湖北制麻官局厂址移作武昌临时水厂之

1　《农商部训令湖北省实业厅武昌自来水公司准予注册给照由》，1920年9月16日，《农商公报》第7　　卷第3册，1920年10月。

2　《武昌自来水设计概要》，《武汉特别市市政月刊》1929第1卷第1期，1929年5月；林和成：《武昌　　自来水厂计划》，《中国建设》第3卷第1期，1931年1月1日。

3　张延祥：《武昌水厂工程》，《工程周刊》第3卷第24期，1934年6月。

用，并将制麻局厂中的遗留设备加以充分利用。"水源即取长江之水，在麻局前抽水，利用麻局原有之抽水间及水池、水管，换装机器，添筑沉淀池，改造快滤池。再于蛇山黄鹤楼后建蓄水池，清水用电机打上。"[1]这座水厂不仅充分利用了制麻局遗留的抽水机、江岸斜坡滑轨等设备，更对其残留建筑也进行了改造利用。厂内最大的建筑工程——沉淀池，乃是"就原麻局焚毁之细麻厂及打包厂改造，利用半公尺厚之旧墙，内层四面加筑钢筋混凝土墙，加铺钢筋混凝土地坪。墙外加筑砖墩，以作支撑。全池完全在地面之上，池底筑泥浆槽，以备冲去泥浆之用。池内旧有生铁屋柱，亦加帮混凝土，利用作为隔板柱子"[2]。此外，水厂生产所需的电力，也是由南边的湖北官纱局发电厂接线送来。至1934年3月，全部工程最终完工，4月1日正式开始通水和售水。从此，武昌古城告别了没有自来水的历史，迈出了市政现代化的重要一步。而这座最初本意为"临时"的水厂，也最终成为整个民国时期武昌城区唯一的自来水厂。时至今日，这里依然是武昌平湖门自来水厂，虽然其供水量在全市范围来看，所占比例已极小，但作为武昌古城自来水事业的起步点，更承续了来自"四局"的工业血脉，因此仍是武昌近代工业化和市政现代化历史进程中值得铭记的一处故址。

总的来看，武昌古城在清末湖广总督张之洞推行"湖北新政"的过程中，开启了最初的工业发展进程。棉纺织工业在整个近代史上，都是武昌工业布

1　李范一：《拟具创办武昌临时水厂计划请公决案》，《湖北省政府公报》第24期，1933年4月。

2　张延祥：《武昌临时水厂落成报告》，《汉口商业月刊》第1卷第7期，1934年7月。

图 3-10   1934 年落成之初的平湖门水厂沉淀池，可见其中保留的原
湖北制麻局厂房铁柱。(《汉口商业月刊》第 1 卷第 9 期，1934 年 9 月)

局中的重头戏，而工业的分布空间，则从早期毗邻城垣的沿江地带，逐渐沿
长江江岸上下扩展，形成了白沙洲、积玉桥、新河、徐家棚等新的工业区。
在近代化的曙光中，古老的武昌城步步前行，在机器的轰鸣声中，留下了这
座古城工业化和近代转型的一个个脚印。对于这座千年古城而言，其在近代
历史上留下的这些足迹，或许显得步履蹒跚，但却承载了中华民族在近代历
史上艰难求索、奋发图强的光荣记忆，亦值得我们感怀与致敬。

弦歌斯盛：“大学之城”的勃兴

明清以来，武昌古城作为湖广省会，历来也是文教重镇。在明清时期，城内除了武昌府学和江夏县学以外，还有一些传统书院，如江汉书院、高观书院、经心书院等。不过，武汉真正在中国高等教育史上大放异彩，还是在近代中国新式教育产生以后。对武昌古城而言，张之洞督鄂的19世纪90年代，是近代官办新式教育的发轫时代，张之洞在《学堂歌》中，曾颇为自豪地写下“湖北省，二百堂，武汉学生五千强”的词句，足见当时省城武昌新式教育蓬勃发展之盛况。

在张之洞就任湖广总督后不久，其早年在湖北学政任上所创建的经心书院，便迁回了三道街的最初原址，而书院原在都司湖畔的斋舍，则被张之洞拿来加以改造，“垫高地基，疏消水道，添造斋舍，购置书籍，延访名师”，兴办了一所新的书院——“两湖书院”[1]。在张之洞最初的想法中，依然打算按照中国古代传统书院模式来开办，日常教学形式主要是会讲、课试，没有固定的毕业年限，也没有“培养方案”和“课程表”，这些都体现出浓厚的旧式书院色彩。但是，在具体的教授内容上，两湖书院却也已经体现出

1　张之洞:《查明茶商捐助书院学堂经费商情乐从折》, 赵德馨主编、周秀鸾点校:《张之洞全集》第2册, 武汉: 武汉出版社, 2008年, 第441页。

图 3-11　1928 年武昌两湖书院一带飞机航拍
照片（《江苏省政府土地整理委员会公报》1929 年
第 2 期）

许多新的时代特征。中国台湾学者苏云峰在研究了书院学生唐才常的课卷和
家书后认为，早期的两湖书院斋舍管理较为松弛，而授课内容上，除了传统
儒家经典外，也开始更加关注实际政治问题的探讨，并注重培养学生开阔的
国际视野，引导学生阅读西方读物。[1]

　　两湖书院是武汉旧式高等教育发展史上一次"回光返照"式的顶峰，
其创办之初即名噪一时，与广东广雅书院齐名，被时人并称为清末两大书院。
然而大时代毕竟已经变了，传统书院的教育模式已经不可能适应时局发展的
需要，张之洞本人在武汉大举兴办洋务的过程中，也逐渐深刻认识到了这一
点。因此，在书院开办数年后，张氏即着手对其进行了大刀阔斧的改革。改
革之后的两湖书院改成教师每日上讲堂授课，学生也必须住院每日上课。课
程方面则废除了文学与理学二门，另加舆地与时务二门，后又改时务为算学

1　苏云峰：《张之洞与湖北教育改革》，台北：台湾"中研院"近代史研究所，1983 年，第 52—57 页。

门，再增设天文、兵法二门。在学制上，明确规定学生五年毕业，入学学生年龄必须在 15 岁以上，25 岁以下，入学必须经过考试筛选。经过这一系列改革，两湖书院面貌焕然一新，已事实上成为一所新式学堂。1902 年，张之洞于全省学制建设的通盘考虑下，将其更名为"两湖大学堂"，旋又改为"两湖高等学堂"，这是晚清武昌城内出现的第一所官办综合性高等学校。遗憾的是，由于合格生源和师资不足等因素，这所两湖高等学堂开办不久即告夭折了。此后，张之洞乃决定将湖北省师范学堂迁入此处校园内，并扩大规模，计划兼办初等和优等师范，将之改名为"两湖总师范学堂"，这是清末湖北最重要的一所师范学校，而其校名仍沿用了"两湖"这一已声名显赫的品牌。

　　1893 年底开办的自强学堂，也是近代湖北最早的新式学堂之一，代表了清末湖北高等教育起步阶段另一类型的官办学堂，即实业技术、外语、军事等领域的专科学堂。自强学堂创办之初，张之洞对其寄望甚高，他曾在向光绪皇帝上奏的《设立自强学堂片》中写道："湖北地处上游，南北要冲，汉口、宜昌均为通商口岸。洋务日繁，动关大局，造就人才，似不可缓。亟应及时创设学堂……讲求时务，融贯中西，研精器数，以期教育成材，上备国家任使。"[1] 然而这所学堂创办数年后，仍未走上正轨。张之洞在 1896 年时委任幕僚姚锡光对学堂加以整改，将其分为英文、法文、俄文、德文四门，又将汉阳铁厂的化学学堂并入，此外设立了译书处。不久之后，在提倡留日的背景下，张之洞又增设了东文门。改制后的自强学堂，"方言"课程已经成为了

1　张之洞：《设立自强学堂片》，赵德馨主编、周秀鸾点校：《张之洞全集》第 3 册，武汉：武汉出版社，2008 年，第 135 页。

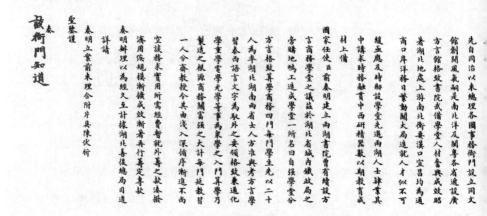

图 3-12　张之洞《设立自强学堂片》

教学量远远多于其他课程的主干教学内容，该学堂已事实上成为了一所外国语专门学校。[1] 至 1902 年，张之洞则干脆将之改名"方言学堂"重新招生了。

甲午战后，张之洞意识到了建立分层次的学制系统的重要性，他在 1898 年所著的《劝学篇》中，已对大学堂、中学堂、小学堂进行了明确划分和分别论述。[2] 1902 年，张之洞上奏《筹定学堂规模次第兴办折》，对湖北教育拟出了一份通盘规划，也使湖北省成为清末学制建设的先行省份。按

1　张之洞：《自强学堂改课五国方言折》，赵德馨主编、周秀鸾点校：《张之洞全集》第 3 册，第 479—480 页。

2　张之洞：《劝学篇·设学第三》，赵德馨主编、吴剑杰等点校：《张之洞全集》第 12 册，武汉：武汉出版社，2008 年，第 175 页。

照这一设计，湖北的高等教育，将包括两湖高等学堂（文理科）、武备学堂及将弁学堂（后改武高等学堂，军事科、医科附属其中）、方言学堂（外语科）、师范学堂（师范科）、农务学堂（农科）、工艺学堂（工科）、勤成学堂（招收"年长向学而不能收入学堂之生员"）等。[1] 1904 年"癸卯学制"颁行后，根据清廷的统一要求，湖北地方当局对全省教育规划又做了一些修正，如师范学堂改为分初级、优级两等的两湖总师范学堂，农务学堂改称农业高等学堂，医学堂单独设立等等。此外，1904 年张之洞还为"保存国粹"而设立了存古学堂，也同样预设为高等学堂程度。可以说，明定学制并在此基础上对各学堂进行通盘规划，这是 20 世纪初张之洞在湖北新式教育建设过程中的重要创举和成就。

张之洞在鄂兴学的最初阶段，其所办学堂之校舍大都因陋就简，有的利用既有房舍改建，有的虽为新建，但在建筑规模和形式上都不甚突出。这些学堂在此后的办学过程中，校址也常常发生迁移。如 1893 年兴建的自强学堂，校舍位于武昌大朝街口的明代楚王府端礼门原址处，占地面积较为狭小，房屋不甚合用。1902 年张之洞将自强学堂改名方言学堂，次年将之"迁至三道街今存古学堂，于十二月开学"。1904 年，张之洞又"谕以旧农务局改建，增造洋式房屋两栋，即今所也"[2]。几经辗转，这座学堂最终迁入了武昌东厂口的原农务学堂校舍，而农务学堂则移往武胜门外宝积庵另行建造。

---

1 张之洞：《筹定学堂规模次第兴办折》，赵德馨主编、周秀鸾点校：《张之洞全集》第 4 册，武汉：武汉出版社，2008 年，第 87—91 页。

2 佚名：《湖北方言学堂一览》，出版年不详（约 1910 年），中国国家图书馆藏本，原书无页码。

图 3-13　民国初年武昌高等师范学校校门，为清末农务学堂、方言学堂时期的建筑

（《国立武昌高等师范学校庚申级同学录》，1920 年）

东厂口位于武昌城中部阅马厂以东，故此得名。作为湖广两省的中心城市，清代武昌城内各省会馆林立，在东厂口便有一座四川会馆，其一旁紧邻的还有一座纪念湘军霆军阵亡将士的昭忠祠。这一馆一祠两组建筑群，在 1898 年时被张之洞一并用作了湖北农务学堂校舍。[1] 方言学堂搬迁来此后，校园环境较此前的自强学堂得到了一定改善。这处校舍位于蛇山南麓的缓坡之上，地势较高，门前濒临长湖，视野开阔，周边当时尚较为空旷，为将来可能的扩建留有余地。

1　张之洞：《札北藩司等改四川会馆、昭忠祠为农务学堂并拨款移建馆、祠》，赵德馨主编、吴剑杰点校：《张之洞全集》第 6 册，武汉：武汉出版社，2008 年，第 183 页。

图 3-14　清末湖北高等农业学堂林科学生播种实习

（《农林公报》1912 年第 1 卷第 8 期）

　　农务学堂迁往城外宝积庵，新建校舍，更名湖北农业高等学堂，是晚清武汉地区新建的最为完备的一处高等学校校园。根据 1910 年《湖北农会报》所收录的一张《湖北农业高等学堂平面图》可知，这所学堂进入大门后首先是一组中式传统院落建筑，作为学堂行政楼；而后是一栋教学实验楼，其中包括农科、林科讲堂及一些实验室等；再往后建有自习室、学生寝室、操场等；在校园中轴线东侧，另有蚕学一科的讲堂、寝室、陈列室、育蚕室等建筑群，中轴线西侧为附属小学；整个校园的南半部，则是洋教习住宅和林科试验场苗圃。[1] 尽管这一校园的各校舍建筑，大部分仍为传统中式平房，建筑规模

1　《湖北高等农业学堂平面图》，《湖北农会报》，1910 年第 3 期。

亦不大，但作为一所高等农业学堂，其所应具有的各类基本功能皆已具备，这在清末湖北官办高等教育建筑中，已称难得。这座校园此后在辛亥革命中毁于战火，1920 年代在原址兴建了湖北省立第二高级农业学校。1931 年，时任省教育厅长黄建中在此创办了湖北省立教育学院，该校于 1936 年停办后，此地于 1937 年又创办了湖北省立农业专科学校。1949 年后，此地又先后成为华中农学院和武汉师范学院校园，今天仍是湖北大学校园。尽管曾经的老建筑早已消失无踪，但这一孕育了今天华中农业大学、湖北大学、湖北第二师范学院等多所高校的百年老校园，仍是武昌沙湖之滨一片积淀深厚、文脉绵长的文教胜地。

张之洞在湖北兴学期间，开办了大量侧重"西学"和"实学"的学堂。在他入主学部后，面对晚清新式教育普及和科举废除对于传统国学所造成的冲击，他作为传统儒家知识分子，对此又感到忧心忡忡。于是乎，他一面在全国教育中全面加强读经等传统教育内容，一面又试图在新的教育体系中为传统儒学留下专门的生存空间。存古学堂便是张之洞为了提倡"保存国粹"，而在武昌首创的一种特殊类型的学堂，张之洞对其发展建设可谓倾注了较多心血。存古学堂校舍位于武昌城内蛇山以北的三道街，该处早在同治年间张氏出任湖北学政时，便修建了一所传统书院——经心书院。1904 年，张之洞"将经心书院故址改为存古学堂……屋宇量加修改添造,以期合法"[1]。这一学堂在 1907 年秋季正式开学，在筹备期间进行了一些校园建设，于经

1　张之洞：《创立存古学堂折》，赵德馨主编、周秀鸾点校：《张之洞全集》第 4 册，第 303 页。

图 3-15　存古学堂石经楼（《国立武昌商科大学第六次毕业同学录》，1924 年）

心书院旧有房舍的基础上，扩建了新式教学楼。清政府学部在宣统年间派员调查存古学堂后，对该堂校园布局和建筑设备情况给予了充分肯定："该堂系经心书院旧址，讲堂新建，他室依旧，构造颇多幽趣。其石经楼高爽明敞，尤饶清旷之致……堂内古书颇多，足资参考。"[1] 较为丰富的藏书量和相对优良的校舍条件，是该学堂的一大特点。学堂校友曾回忆称："存古学堂藏书楼系一座新建的高大楼房，聚集了两湖书院、经心书院以及所有湖北官书……"宿舍和自习室是"新添洋式楼房。宿舍在一楼，房间宽大，每房住四人。自习室在二楼，每人占用面积很大，等于一个小图书室。"[2]

1　《湖北存古学堂经费调查表》，《学部官报》，1911 年 7 月 6 日，第 158 期。

2　罗灿：《关于湖北存古学堂的回忆》，《湖北文史资料》，1984 年 4 月，第 8 辑。

　　当然，自张之洞开创湖北官办新式教育以来，整个晚清时期武汉地区的所有新式学堂校舍中，位于武昌城西南部都司湖畔的两湖高等学堂及后来的两湖总师范学堂，无疑是规模最大、建筑设施最为完备的一处。此处在1870年至1891年间，曾是经心书院的所在地。在该书院迁回三道街原址后，张之洞便将都司湖畔的这处房舍，用以开办两湖书院，并扩充了面积，增建了房舍。在两湖书院时代，这处校舍便已规模宏伟，布局精巧，校园环境优美。张之洞的幕僚姚锡光在1896年参观书院后，曾在日记中对这处校园进行了详细描述。他写道："……两湖书院，规模极阔，盖香帅来督两湖所创建。跨湖为屋，湖周一里许，湖中倚西有磴道一条，自北曲折而南。沿湖缭以回廊，诸生斋房环之。分湖南东、西斋房，湖北东、西斋房，商籍斋房，共可住肄业生二百二十人……湖之东有提调署；湖之西有大书库二；湖之南有大厅，其左为东监院署，右为西监院署；湖之北为讲堂，层楼飞阁，巍然特起……讲堂之后，为楚贤祠，祠之后，复有湖厅，左伸回廊，下瞰后湖；湖厅之右，且有别院，有厅两所，为西北角尽头处。宏规巨制，莫与伦比。诸生弦诵其中，如邹鲁焉。"[1]借由这些文字，结合历史照片，我们可知当时的两湖书院环湖而建，景色优美，可称得上是一座"园林式校园"。校园内坐拥一南一北两座湖塘，北边为菱湖（又称宁湖），南边为都司湖。校园中的主要校舍坐落在都司湖四周，包括书库、讲堂、斋舍等。其中都司湖北岸正中的讲堂，为一栋两层歇山顶的传统中式楼阁，建在台基之上，甚为雄伟，是整个两湖

1　姚锡光：《江鄂日记》卷三（光绪二十二年四月二十八日），《姚锡光江鄂日记（外二种）》，北京：中华书局，2010年，第82—83页。

图 3–16 两湖书院大讲堂旧影

书院的核心建筑，其址大约即今武汉音乐学院编钟音乐厅处。

　　1902 年两湖书院改为两湖高等学堂后，办学规模大为缩减，原有房舍足堪使用，未有新的营造。至 1904 年两湖高等学堂停办，湖北省师范学堂迁入此地并改为两湖总师范学堂，张之洞随即又对这一校园进行了较大规模的改扩建，"拨出库平银 4.3 万两……将斋房(平房)拆毁，建成东西两斋楼房，新建正学堂 (大礼堂)，将原校内楚贤祠、南北书库、教学办公房屋等均修葺一新。整个改建工程历时两年半，于 1906 年竣工"[1]。改扩建后的总师范校舍，基本延续了两湖书院时代的格局，但新建了一些楼房校舍，全堂建筑

1　涂文学主编:《百年薪火，桃李芬芳: 武汉城市职业学院校史（1904—2014）》，武汉: 湖北人民出版社，2014 年，第 6 页。

图 3-17 　两湖总师范学堂校舍（《湖北省立武昌高级中学同学录》，1936 年）

被划分为"仁、义、礼、智、信"五斋。根据学部的调查，两湖总师范学堂的校舍包括讲堂上下 8 间、礼堂 1 间、自修室 8 大间（每间分为 6 小间）、南北书库 2 间、雨操场及晴操场各 1 座，及其他众多附属用房。这一统计中的讲堂，仅包括了仁、义两斋中的教室，而智、信两斋于张之洞离任后的 1907 年底开办了湖北优级师范理化专修学堂，礼斋则于 1908 年开办了湖北优级师范博物专修学堂。[1] 对于这一宏伟的校园，学部视学官员在给予充分肯定的同时，也指出"湖北培养师范……今日之所最重者，在组织完全师范耳。两湖学堂只办初级八班、博物科二班、理化科三班。夫两湖规模博大瑰玮，仅办初级，殊嫌不称"[2]，对这一宏伟校舍之中迟迟未能实现张之洞当初兼含初级、优级两等完全科的"总师范"计划，颇感大材小用之憾。

1　参见《两湖总师范学堂调查总表》，《学部官报》，1911 年 6 月 7 日，第 155 期。

2　《湖北学务调查总说·（三）普通教育》，《学部官报》，1911 年 6 月 7 日，第 155 期。

图 3-18　位于文华书院校园内的美国圣公会圣诞堂（Yale Divinity School）

　　除了官办学堂以外，晚清时期来到武昌的外国教会，也开始在这座古城中创办起新式教育，这其中，尤以美国基督教圣公会（The Episcopal Church）最为引人瞩目。1860 年代中期，随着太平天国之乱的平定及汉口的通商开埠，长江中游地区开始成为外国教会关注的新方向。1868 年，美国圣公会驻华首位主教文惠廉（William Jones Boone）的次子小文惠廉（William Jones Boone Jr.），在中国牧师颜永京的陪同下来到了武昌，在城东北的昙华林一带买下了一块土地，并盖起了一座小教堂。颜永京牧师随后在武昌积极筹备，于 1871 年秋，在昙华林正式建成了一座小型的教会学校。为了纪念老文惠廉主教，该校取名"The Boone Memorial School"（文惠廉纪念学校），中文名为"文华书院"。

　　文华书院的初创规模很小，只有一名教师，第一年只招收到十数名男童学生。至 1887 年贝鼎三（Disney C. Partridge）继任校长后，学校有了新的发展。贝鼎三对文华书院进行了诸多改革，学生人数不断增加，校舍规模也有了扩充。他还增设了授课课程，并将学生按不同程度进行分班教学。这一时期，文华书院学制改为六年，每年两学期，课程中引入了英语、外国历史、地理、数学等课程，并开始进行体操、游泳等近代体育教育。可以说，贝鼎三治校时期是文华书院开始真正走上西式现代教育轨道的重要阶段。

庚子之乱后的1901年，翟雅各（James Jackson）开始执掌文华书院，掀开了这所学校发展的新篇章。正是在他掌校期间，这所教会学校开始了高等教育的办学历程。1903年，文华书院成立了大学部，随后又将全校分为"备馆"（即中学部，学制六年）和"正馆"（即大学部，学制三年，为大专程度），正馆并分设神学院、文学院、理学院和医学院。1909年，文华大学部在美国哥伦比亚特区注册，并定名为"文华大学校"，由此正式开始了大学本科教育，学制也升格为四年。1911年初，文华大学举行了首次学位论文答辩和学士学位授予仪式，被授予文学学士学位的首届本科毕业生中，就有后来成为华中大学校长的韦卓民。[1]辛亥革命中，文华书院一度停办，1912年起恢复办学，此后规模不断扩充，至1921年时，该校已拥有数十名教职员，80多名大学生，300多名中学生。

从文华书院到文华大学，这所位在武昌古城内的教会学校，对武汉近代新式教育的发展产生了十分重要的影响。它不仅最早拉开武昌新式教育发展历史的序幕，也是武昌城内第一所真正达到高等程度并培养出合格毕业生

1　马敏、汪文汉主编：《百年校史（1903—2003）》，武汉：华中师范大学出版社，2003年，第15页。

图 3-19　文华书院校长翟雅各（James Jackson）
（《大同报》第 20 卷第 11 期，1914 年 3 月）

图 3-20　中西合璧建筑风格的文华书院牧师楼，后改为男生宿舍"博育室"（Yale Divinity School）

的学校，是当之无愧的武汉历史上第一所大学。其所推行的新式教育模式和教学内容，对同时期张之洞在武昌的教育改革也产生了很大的促进和引领作用，而这所学校在新思想的启蒙方面，对武昌古城乃至整个中国历史进程所产生的影响，更是不言而喻。可以说，文华书院及其兴办者美国圣公会，在清末武昌革命思想的萌发，革命组织的发展乃至辛亥革命的爆发等方面，都发挥了极其重要的作用。这样一所教会学校，其对近代武昌城市发展历史所产生的深层次影响，已远远超出了教育本身的范畴。

随着欧美各国教会在华中教育事业上的发展，各教会之间有了通过联合办学来组建教会大学的想法。事实上，这一想法早在清末即已提出：在英国国教 1908 年召开的第五届"兰贝斯会议"（Lambeth Conference）上，英国牧师威廉·塞西尔勋爵（Load William Cecil）对教会在中国的办学计划产生了浓厚的兴趣，此后他便极力推动在华中地区的武汉，联合英美各差会共同创办一所大学。据 1910 年《北华捷报》的报道，这所筹备中的教会大学，计划定名为"Wu-Han University"（武汉大学），由英国牛津大学和剑桥大学参与创建，该项办学计划还成立了大学筹备委员会，由时任美国圣公会湘鄂教区主教的吴德施（Logan Herbert Roots）担任委员会主席。[1] 另据同年的《教务杂志》报道，塞西尔勋爵等人在当年还前往北美的哥伦比亚大学、耶鲁大学、哈佛大学、芝加哥大学、多伦多大学等校拜访，得到了这些学校对这一"武汉大学"联合办学计划的关注和支持。而包括爱丁堡大学的 Stanley V. Boxer

---

1   "The Central China University", *The North-China Herald*, June 3, 1910, p. 567

图 3-21　美国圣公会湘鄂教区主教吴德施
（Logan Herbert Roots）

及牛津大学的 J. C. Pringle 等教师已动身或准备前往武汉，参与新大学的筹备事宜。[1] 对于这所酝酿中的教会大学，主事者们可谓踌躇满志。正如美国旅行家盖尔在清末造访武汉三镇后所说，由于各种现代思想已在当时武昌的官办学堂和教会学校的学生中广泛传播，且影响日益深入人心，因而"在武汉地区创办一所规模宏大而完备的教会大学，时机已经成熟。唯一需要担心的只是这所新大学的规模不够大……这件事情不办则已，要办就一定要做到最好，要让这所大学以完美的面貌惊艳亮相"[2]。至 1911 年，这所大学的筹备工作又取得了新进展，部分款项已筹得，并拟定了详细的办学计划。当年 8 月，

1　"The Wu-han University Scheme"，*The Chinese Recorder And Missionary Journal*, Vol. 41, No. 12(1910).

2　William Edgar Geil, "*Eighteen Capitals of China*"，Philadelphia & London: J. B. Lippincott Company, 1911. p. 265.

日本驻汉口总领事松村贞雄在发给外务大臣小村寿太郎的报告书中称："该大学拟招收清国各官立高等学校及传教士所办各高等学校的毕业生入学……其教授课程，包括外语、欧洲经典名著、高等数学、理论及应用物理化学、医学等等。这些课程都按照欧美大学的科目设置，只是根据清国的实际情况而有所调整而已。"[1] 不过遗憾的是，这一最早的"武汉大学"办学计划未及正式付诸实施，即因辛亥革命的爆发而流产了。

到了 1920 年代，随着中国公立和私立大学的日益增多，华中地区教会大学力量分散、各校规模均较小的状况亟待改善。为增强实力，得与中国公私立大学相竞争，故而在汉联合创办教会大学的想法，又重新被提出。当时华中地区已初步形成了一个涵盖了小学、中学到大专、大学本科各程度在内的教会学校系统，其中名义上为高等教育程度的学校，除了文华大学以外，还包括武昌的博文书院大学部、华中协和师范学校，汉口的博学书院大学部，湖南岳阳的湖滨书院大学部，长沙的雅礼大学，益阳的信义大学，等等。这些学校力量分散，规模都不大，其中一些事实上也没有稳定持续地开展真正意义上的高等教育。因此，在 1922 年 2 月和 4 月，华中地区各差会代表齐聚汉口吴德施主教的寓所，先后召开了两次会议，经过充分的讨论，最终决定在武昌联合筹建一所"华中大学"。[2] 在 1924 年华中大学组建之初，尚只有

1　松村贞雄：《武漢大学設立計画ニ関シ報告ノ件》（公信第 149 号），1911 年 8 月 23 日，东京，外务省外交史料馆藏，外务省档案 B-3-10-2-38。另参见李少军：《武汉大学校史起源新议》，《武汉大学学报（人文科学版）》2013 年第 6 期。

2　马敏、汪文汉主编：《百年校史（1903—2003）》，武汉：华中师范大学出版社，第 25—26 页。

武汉本地的美国圣公会、英国循道会和伦敦会三个差会参与，主体仍是原文华大学，校园也设在原文华书院西半部。北伐战争后华中大学重建时，湖南的雅礼会和复初会也加入了进来，使其规模较之前进一步扩大。1931 年底，华中大学正式在国民政府教育部注册备案，成为国民政府时期在中国注册备案的 13 所基督教（新教）大学之一。

由文华书院孕育而生的文华公书林及文化图书馆学专科学校，是武昌昙华林值得大书特书的一段历史。1899 年，美国纽约州里士满纪念图书馆（Richmond Memorial Library）的管理员韦棣华女士（Mary Elizabeth Wood）来到武昌，探望其在圣公会担任传教士的弟弟韦德生（Robert E. Wood），并在文华书院担任英语教职。韦棣华发现该校图书资料极为缺乏，于是几经努力，终于在校园内的一座中式八角亭建筑中建成了一所小型的图书馆。1906 年她返回美国，一面进修图书馆学，一面募集资金和图书期刊，以期在文华书院建立一座既供学校师生使用，也能服务市民的更大规模的图书馆。两年后韦棣华回到武昌，在其主持之下，一座耗资十万美元，拥有三万册藏书量的新图书馆大楼，在文华书院校舍西部奠基开工，并于 1910 年落成，这便是著名的"文华公书林"（英文名 Boone Library）。

文华公书林坐南朝北，正立面为经典的欧洲古典主义风格，拥有气派的罗马式立柱，是当时整个昙华林地区最雄伟和美丽的欧式建筑。盖尔在《中国十八省府》中也描述道："馆舍建筑富丽堂皇的图书馆，是文华书院最近的一大新亮点……这座图书馆被定位为主要服务武昌地区所有教会学校的在校生。早在这幢新大楼开工兴建以前，该图书馆就已经拥有 4000 册英文

图 3-22　韦棣华照片

（Mary Elizabeth Wood）

图 3-23　民国初年的文华公书林大楼侧影

书和 1500 册经过精心挑选的中文书了。接下来，还将会有许多英、德、法文的优秀著作被译成中文版，并入藏其中，供人阅览。"[1]

1920 年，韦棣华与沈祖荣等人，仿照美国图书馆学教育模式，在文华大学内共同创立了图书馆学校（Boone Library School），开创了中国图书馆学高等教育之先河。在文华大学改组为华中大学的过程中，这所图书馆学校没有再加入华中大学，而是以"私立武昌文华图书馆学专科学校"之名继续独立办学，但仍与华中大学、文华中学共享文华公书林。

从文华书院、文华大学到华中大学，这所教会学校在武昌城北部的昙华林地区，持续进行了数十年的校园建设，将这片两山之间的城中谷地，打造成了一片书香之地。其主要校舍，皆位于花园山一带，包括教学楼、体育馆、图书馆、学生宿舍、教职员住宅、教堂等一系列建筑。文华的校园建筑风格各异，体现出时代变迁所留下的烙印。在办学初期，校园内多为中国传统民居建筑，校方兴建的一些校舍建筑，也多做成与周边民居相协调的样式，或尝试一些中西合璧的建筑风格，如博育室、校政厅等。清末以后西风日盛，校方也开始建造一些气派雄伟的纯西式建筑，如颜母室、思殷堂、文华公书林、多玛堂等。民国时期，在华外国教会又发起了一场建筑领域的中国传统风格复兴运动，在这其中，文华大学也建造了中国民族形式风格的"翟雅各体育馆"。毫无疑问，在清末民初时期，地处武昌城内昙华林的文华—华中大学校舍，是整个武汉地区规模最大、建筑最为华美的大学校园。

1　William Edgar Geil, *Eighteen Capitals of China*, Philadelphia & London: J. B. Lippincott Company, 1911. p. 262.

图 3-24　欧式古典主义风格的文华书院多玛堂（中国国家博物馆网站）

图 3-25　中式复古风格的翟雅各体育馆（摄于 2018 年 10 月）

辛亥革命武昌起义后，清廷在鄂统治迅速瓦解，随后的阳夏战争更在武汉持续鏖战，战火给武汉的城市发展带来了灾难性的破坏，对教育也造成了巨大冲击。武昌起义爆发后，省城内各学堂立时陷入停顿，部分学堂校舍更是遭到战火破坏。清末省城内规模最大、建筑最为完善的两湖总师范学堂校舍，便因其毗邻湖广总督府，在战乱之中受损严重，"……往来公文及图书表册等项焚毁殆尽"[1]。民国成立之初，这些在战乱中停办的学堂，大都未能很快恢复，其重要原因之一，乃在于许多学堂校舍皆被在鄂军阀占为军营，这其中便包括两湖总师范学堂、方言学堂、文高等学堂、存古学堂等校舍。直到 1913 年，湖北省城的高等教育才开始逐步得以恢复和发展。整个北洋时期，武昌的官办高等学校，主要有国立的武昌高等师范学校、武昌商业专门学校，以及省立的湖北外国语专门学校、湖北法政专门学校、湖北医科专门学校等校，此外还有民办的中华大学、武昌美术专门学校等校。

国立武昌商专的创办，与黎元洪有着密切关系。作为鄂籍"首义都督"的黎元洪，对家乡的教育发展一直颇为关注。早在民国元年，他便与湖北部分有识之士一同筹谋，在汉创办一所"武汉大学"以纪念辛亥首义，并且成立了"武汉大学筹备处"。1915 年曾有杂志报道："黎副总统在鄂时，与刘心源、夏寿康、饶汉祥三前省长及湖北诸名人，公同发起创办武汉大学，以为共和发轫地之纪念。嗣因经费无着，兼之国立、省立成为问题，久未解决，

1　《湖北教育司为前两湖总师范毕业生可否照优师学校例换给证书请示由呈教育部文》，1913 年 3 月 31
　日，《平档：国立两湖优师》，民国教育部档案，195—233，台湾地区历史研究机构藏。

图 3-26　国立武昌商科大学校门

（《国立武昌商科大学第六次毕业同学录》，1924 年）

致使徒设筹备处于官立法政学校,迄今三载,仍未得一确实办法。"[1] 尽管如此,这所"武汉大学"的筹办者们仍然努力争取,至 1916 年时,"因所指拨鄂路米捐股,现存部中,未允拨充经费,仅年拨息金二万六千元,不敷设立大学之用,议定先行开办商业专门学校,以树基础。大学筹备事宜,则徐图进行……即以前存古学校为校舍,该筹备处附设于该校,由校长兼办,以一事权,而节经费"[2]。在经费困难的局面下,有关人士决定退而求其次,先行办起了这所国立武昌商业专门学校。尽管后来这一"武汉大学"创办计划无疾而终,但武昌商专则得以延续并不断充实发展,后来又升格为"国立武昌商科大学"。该校设有国外贸易系、领事系、交通系、普通商业系、保险系五个系科,并附设有商科中学一所。

武昌商专(商大)位于武昌城北三道街的存古学堂旧址。由于该校创建者本意是要办一所综合性的"武汉大学",因此在 1916 年先办商科并选址清末存古学堂,原本是因陋就简的临时之举。只是后来由于这所"武汉大学"无疾而终,商专和后来的商大也就一直在这里办学了。正如前面我们所说,存古学堂在宣统年间清廷学部对湖北省城各学堂所开展的学务调查中,是为数不多的在建筑和仪器设备方面都得到了学部视学官员肯定的一处校舍。其面积虽然不大,但建筑质量较好,是武昌城内唯一可与两湖校舍相比的一处清末学堂建筑群。根据《国立武昌商科大学全图》可知,直至 1925 年时,商大校园基本仍是延续清末存古学堂时代的旧有格局。其校园的东南部,大

---

1 《武汉大学决定开办》,《学生杂志》第 2 卷第 10 期,1915 年 10 月。

2 《武汉大学始基》,《教育周报》第 127 期,1916 年 6 月。

体是经心书院时代所形成的传统书院模式，共有四进院落，最后一进是石经楼。校园的西部和北部，则是清末改制学堂以后至民初所陆续进行的改扩建，其中包括晴雨操场，商业实践室，两层楼的教室、自习室和寝室等。[1] 大约在改名商科大学前后，学校拆除了书院时代的老旧校门，改建了一座西式校门，除此之外，整个北洋时代，这处校舍均没有发生过多大的变化。

在北洋政府时期，武昌城内还陆续兴办了一些省立高等学校。最早创办的是 1912 年的公立湖北法政专门学校，全校共分法律、政治和经济三科，为民国前期湖北培养法律行政专门人才的主要高等学校，后来亦升格为"湖北省立法科大学"。[2] 该校在清末法政学堂旧址开办，后迁至武昌城北的贡院旧址，基本沿用清代贡院的旧有房屋。

民国元年，湖北教育界部分人士捐资重设了一所英文学校，该校于 1913 年按教育部的要求改名为"湖北外国语专门学校"，日后逐步发展成为北洋时期湖北省唯一的一所外语高等专门学校，并最终升格为"湖北省立文科大学"。据该校创办人之一饶汉秘所述："吾鄂教育，前清时曾设有方言学堂，以培养人才，研求各国各种学术政术之情。延至辛壬改革以还，校舍充作衙署，黉宫变为营垒，青年学子，求学无门……民国元年，汉秘与同学金君宗鼎、罗君仲堃、严君承荫、胡君纬等，有见及此，拟捐资私立英文院。嗣以校舍难得，规模过大，未及成立。未几，原驻旧文高等校舍之交通司裁撤，前教

1 《国立武昌商科大学全图》，《国立武昌商科大学第六次毕业同学录》，1924 年。
2 李珠、皮明庥主编：《武汉教育史》，武汉：武汉出版社，1999 年，第 328 页。

图 3-27　湖北法政专门学校校舍，图中右侧建筑为原湖北贡院至公堂

（《湖北公立法政专门学校庚申同学录》，1920 年）

育司札委罗君仲塈保守校舍。遂重续前议，即就该校改立英文馆。"[1] 该校校址位于蛇山南麓的原武昌府文庙。清末停废科举后，张之洞对文庙进行了改造，在此兴办了中路小学堂，宣统年间，清廷又以此处校舍开办了文高等学堂，是为清末湖北依照"癸卯学制"所开办的第一所普通高等学堂。外国语专门学校的校舍，大体也是沿用府文庙和清末中路小学堂时期的既有建筑。

　　1921 年 9 月，留学日本、德国归国的鄂籍医学博士陈雨苍回到湖北，申请以庚款为基金，在两湖书院旧址创办了湖北省立医科专门学校，后亦曾改名为湖北省立医科大学。该校是民国时期湖北高等医学教育的开端，但因

———————————
1　《湖北外国语专门学校同学录》，1916 年。

图 3-28　武昌都司湖西南岸的湖北省人民医院老住院部，这一带即民国时期湖北省立医科大学和湖北省立医学院旧址（摄于 2021 年 6 月）

存在时间较短，没有毕业生，影响较小，其当然也无力进行校园建设，所有房舍，不过因袭清末以来所既有之建筑罢了。此处在抗战胜利后，又成为战时在恩施组建的湖北省立医学院回迁武昌后的校园。1950 年代该校改为湖北医学院后迁往东湖之滨的高家湾新校园，城中张之洞路的房舍则由湖北省人民医院继续使用。时至今日，此地仍为武汉大学人民医院（湖北省人民医院）及第一临床学院所在地。

　　1920 年代，国内各省都掀起了一股将省内各高等专门学校合并组建综合性大学的浪潮。在这一背景下，湖北教育界也酝酿成立一所综合性大学。1923 年 11 月时，湖北省议会曾讨论了一项筹办省立综合性大学的办学计划，

"拟将外国语专校、法政专校、甲种农业三校合并,暂办'文''法''农'三科,校址定在武胜门外南湖附近之陆军预备学校旧址。"[1]然而此事进展缓慢,半年多后的 1924 年 6 月 24 日,省教育厅方才"召各专门学校校长,商组武昌大学。决将外国语专校及国学馆改组文科,法政专校改组法科,农业专校改组农科,医科大学改组医科,其筹备处暂设于教育厅"[2]。教育厅于 7 月时,就此事还曾再次召集各专门学校校长开会讨论,关于校名,拟定为"湖北大学"。不过,由于经费困难,这一联合省立各高等专门学校合并成立"武昌大学"或"湖北大学"的计划,最终只是纸上谈兵。而所谓在城外南湖另择新的大学校址一事,当然也就没有下文了。

　　北洋政府时期由于政策开放,民间办学得以迅速发展,湖北省在这一时期也有一些民间兴办的私立高等学校,如中华大学等。其中在校园建设方面较有成效的,是私立武昌美术专门学校。该校成立于 1920 年,初名武昌美术学校,为一所私立中等专科学校,最初的校址在武昌兰陵街原湖北省立实验民众教育馆处。1923 年,学校增设专门部,并改校名为"私立武昌美术专门学校",从此开始开办美术高等教育。学校改名升格后,于 1925 年获得武昌水陆街歌笛湖西南岸的原清代湖北提学使衙门旧址为校址,开工建造新校舍,并于次年完工迁入。水陆街新校舍占地面积 21329 平方米,总建筑费约 3 万余银元。[3]校园建筑为西式古典主义风格,造型优美,气势恢宏,

---

1　《鄂省教育近闻·省立大学之急进》,《申报·教育与人生周刊》第 8 期,1923 年 12 月 3 日。

2　《鄂省筹备武昌大学》,《申报·教育与人生周刊》第 38 期,1924 年 7 月 7 日。

3　张爱华、王灿主编:《永远的风采——武昌艺术专科学校老照片》,武汉:湖北美术出版社,2010 年,第 4—19 页。

图 3-29   私立武昌美术专门学校校门

是整个北洋政府时期武昌城内高等学校中唯一具有一定规模的新校舍建设
工程，其校园建筑在当时湖北地区各高校中亦称优良。遗憾的是，该校校园
在 1938 年武汉抗战期间，被侵华日军全部炸毁。

民国初年在武昌古城内，最著名的官办高等学校，当属国立武昌高等
师范学校。该校创办于 1913 年，是近代湖北省第一所国立高等学校。1923 年，
学校升格改名为武昌师范大学，1925 年又改名为"国立武昌大学"。不过此
后不久，由于北伐战事，学校被迫停办。

1913 年武昌高等师范学校筹备之时，教育部委派普通教育司司长袁希
涛来武昌负责筹划相关事宜。经过实地考察后，袁氏与湖北地方当局商议，

图 3-30　武昌高等师范学校校旗。中央为该校校徽,古书"鷾"字及白熊寓意"楚地",黄牛皮寓意"坚韧",象牙象征"高洁",羽毛象征"飞黄腾达"。校旗底色为蓝,寓意"青出于蓝胜于蓝"。(《国立武昌高等师范学校同学录 No.6》,1923 年)

拟在原两湖总师范学堂校舍、原方言学堂校舍(时为武昌军官学校)和原文普通学堂校舍(即原自强学堂旧址)三处房舍中,拨划一处作为武昌高等师范学校的校址。这其中,两湖总师范旧址面积最大,基础最好,且原本就是师范校园,即便其在辛亥革命中遭战火波及而受损,也依然是民初开办国立高师时的校址选择方案之一。只是在此前的 1912 年 10 月,"教育司长姚晋圻委郭肇明就两湖总师范学堂筹办第一师范学校"[1],即计划在这一校园内,以清末原有的两湖总师范学堂为基础创办湖北省立的中等师范学校,因而当

---

[1] 《沿革志略》,《湖北省立第一师范学校校友会杂志》,1920 年 4 月,转引自涂文学主编:《百年薪火,桃李芬芳:武汉城市职业学院校史(1904—2014)》,第 36 页。

时湖北教育司司长时象晋便只"允其于文普通、方言两校择一拨用"。教育
部经过考虑后，便决定以方言学堂旧址作为武昌高等师范学校的开办校址
了。[1]1913 年 8 月，武昌高等师范学校"奉湖北都督批饬拨定武昌军官学校
（即旧方言学堂）为本校校址"[2]。此后学校陆续开始在校园内拆除部分老旧平
房校舍，兴建了几栋二至三层高的西式楼房，但总体格局没有大的变化。

在即将升格为师范大学的 1923 年夏天，校方将位于方言学堂街的旧
大门拆除，改建为一座带罗马柱门廊的西式门楼，这座一层的门楼既是学
校的新校门，同时也是一座小型的教学楼，它也是北洋时代东厂口校园所
兴建的最后一座新建筑。在武昌师范大学和武昌大学时代，由于经费困难、
校政更迭频繁，校园建设毫无进展。在石瑛长校之初，曾踌躇满志地提出
过一个宏伟的大学建设计划，打算扩充武昌大学，添设农工科，并计划募
款建设农、工二科的讲堂及实验室、图书馆、学生宿舍、教职员宿舍等新
建筑，还成立了建筑委员会准备开展其事。[3]但最终因学潮和战事等因素，
仍不了了之。

显然，武昌古城自张之洞兴学以来，在中国近代新式高等教育的早期
发展历程中可谓先行者。然而此后由于种种原因，当全国其他城市纷纷后
来居上时，清末民初的武昌，在高等教育领域反而显得相对落后了。从张
之洞当年改组两湖书院，试图创办"两湖大学堂"，到民国初年黎元洪等人
努力筹划多年的"武汉大学""江汉大学"，以及多年间地方教育当局整合

1　《武昌方言校舍改设国立师范》，《中华教育界》，1913 年 7 月 15 日。

2　《本校大事记》，《国立武昌高等师范学校己未同录》，1919 年。

3　《武昌大学募款添设农工科》，《新闻报》，1925 年 5 月 25 日，第 12 版。

图 3-31　1923 年武昌高等师范学校校园全景画（《国立武昌高等师范学校同学录 No.6》, 1923 年）

各省立专科学校的尝试，都共同围绕着要在武汉创办一所综合性大学的夙愿。然而在清末财政危机和民初北洋军阀混战的动荡时局中，这一教育宏图却始终只能是镜花水月。1926 年底国民政府迁都武汉后，曾将国立武昌大学与武昌商科大学，湖北省立文科大学、法科大学、医科大学等校悉数合并，组成"国立武昌中山大学"。[1] 当时曾有报道称："武昌绾全国中枢，当交通总汇，国民政府已决建都之地，武昌之为将来文化中枢，已无疑问……即将

1　王宗华主编：《中国现代史辞典》，郑州，河南人民出版社 1991 年版，第 489 页。

武大改为中央中山大学……在北京、南京、上海、广州、欧美等地选聘专门学者，担任职员教授，志在成立中央最高学府，培植中国一般建设大才。该大学于中国前途之关系，当甚巨也。"[1] 然而在激荡的时局下，这所大学最终尚未走上正轨便告夭折了。

伴随着国民党完成北伐，武汉高等教育的发展在 1928 年终于迎来了新的曙光。当时，南京国民政府成立了"中华民国大学院"，统领全国教育事务。大学院院长蔡元培高度重视武汉地区高等教育的发展，他早在民国初年就有在武汉创办一所国立综合性大学的想法，而当时武昌中山大学被桂系当局非法解散后，武汉高等教育一时陷于真空，蔡元培于是命湖北省教育厅迅速着手武昌中大的改组重建事宜。在蔡元培的亲自介入下，新大学被定名为"国立武汉大学"，并成立筹备委员会，以时任湖北教育厅长刘树杞为主任委员，委员还包括王星拱、李四光、周鲠生、任凯南、曾昭安、黄建中、麦焕章、涂允檀等人。这其中的王星拱、李四光、周鲠生，以及武大初创之时的王世杰、皮宗石、陈源、燕树棠等核心教职员，都曾是蔡元培在任北京大学校长期间的老同事。经过数月的紧张筹备，国立武汉大学于 1928 年 10 月 31 日在武昌东厂口校舍正式开学上课，这一天也成为民国时期国立武汉大学校庆日。

可以说，正是有了蔡元培的强力介入，国立武汉大学从筹备一开始，就有了很高的办学定位和期望值，又得益于一大批全国一流学者"空降"来汉，这所大学很快便站在了民国时期国立大学的第一方阵中。在抗战西迁以前，

---

1 《力谋扩充之武昌大学》，《厦大周刊》第 169 期，1926 年 12 月 25 日，第 6 版。

图 3-32 建校之初的武汉大学东厂口校园校大门
(《国立武汉大学一览（中华民国十八年年度）》，武昌：国立武汉大学，1930 年)

国立武汉大学已建成文、法、理、工、农五大学院，共设十五个系和两个研究所，初步建成了一所学科门类齐全的综合性大学。

武汉大学在 1932 年迁到珞珈山后，武昌城内东厂口的老校舍仍然是归武大所有的校产。早在 1932 年初的一次校务会议上，学校便做出决议："本校东厂口校舍应永远保存，为将来创设医科（办实习医院）以及办大学推广部（University Extension）之用。"[1] 全面抗战爆发前，由于医学院尚未开办，武大曾将东厂口老校舍租给省立第二女中作为该校校园。抗战胜利后

---

1 《第一百四十七次校务会议记录》，1932 年 1 月 15 日，《国立武汉大学校务会议记录》第 3 册，国立武汉大学档案，6-L7-1932-052，武汉大学档案馆藏。

图 3-33　1947 年的武汉大学医学院附属医院门诊楼旧影（武汉大学档案馆藏）

的 1946 年底，在武汉大学复员武昌后不久，学校即在联合国善后救济总署（United Nations Relief and Rehabilitation Administration，中文简称"联总"）和国民政府行政院善后救济总署（简称"行总"）的帮助下，于城内东厂口老校舍兴办了医学院和附属医院。[1] "联总"对此资助了全套军用医疗设备，及病床 250 张。此外，国民政府行政院处理美国救济物资委员会，还向武大拨款国币 450 亿元，协助医院房屋建筑的修葺改造工程。

　　武大医学院及附属医院的大部分房舍建筑，乃利用东厂口校园旧有校

[1] 《武汉大学增医学院》，《恩光新医学杂志》第 1 卷第 5 期，1946 年 12 月。

舍加以改造，虽然建筑条件稍显简陋，但设备较为完备，是当时武昌城内最为现代化的医院之一。而医学院的设立，不仅意味着武汉大学最终实现了校门牌坊北面所刻"文、法、理、工、农、医"六字的办学目标，也是武汉近代医学高等教育史上具有里程碑意义的事件。这一新创办的医学院，在1950年代的院系调整中，与自上海迁汉的原国立同济大学医学院合并，组建了中南同济医学院，即今华中科技大学同济医学院。附属医院则在1950年经中南军政委员会卫生部研究决定，与原由英国基督教会创办的汉口协和医院合作举办，命名为"汉口协和医院（武大同济医学院教学医院）"，即今武汉协和医院。与协和合并后，武大医院于1950年7月15日即停止门诊，10月开始陆续迁入汉口协和医院。[1] 虽然武大医学院和附属医院最终未能继续独立发展，但这段短暂的历史，无疑也使得东厂口校园这块自晚清以来先后兴办了众多学堂、学校的黉门之地，在武汉近代高等教育发展的历史上，增添了又一重厚重的意义。

1　参见同济医科大学附属协和医院编：《协和医院志》，内部出版，1986年，第36页。

南北通衢：粤汉铁路与跨江大桥

　　早在 1896 年，就在卢汉铁路（京汉铁路前身）工程方兴未艾之时，从南海之滨到扬子江畔纵贯南中国的另一条南北铁路干线——粤汉铁路，也开始筹划。然而，由于工程需费巨大，筹款遭遇困难，工程迟迟没有进展。直到 1900 年，粤汉铁路才动工开建，但在三年后修通广三铁路（粤汉铁路广州至三水支线）之后，便再次陷于停滞。在粤汉铁路筹划的最初，清廷本与美国公司签订了筑路合约，但这一合约中包含了出卖路权的大量不平等内容，激起了粤湘鄂三省商民的强烈不满，而美方此后更有延期和违约之举。最终，在湖广总督张之洞的力主之下，清廷在支付了高额赎金后废除了与美方的合约，收回了粤汉铁路的路权。1905 年，在赎回路权的同时，张之洞积极推动粤汉铁路的建设，在武昌设立了粤汉铁路总局，并开始实际推行武昌境内的建设工程。他于次年向清廷上折，强调"粤汉、川汉两路亟须兴工，以兴商利，而维众情"。据当年夏天的媒体报道，"粤汉铁路在鄂境一段，其车站即在武昌省垣城外，闻该路之日工程师，已偕同铁路弹压委员，在下新河复验路线，由红砖厂起，至武泰闸止。现已验毕，正在筹议兴工办法云。"[1]

---

1 《鄂省筹办粤汉路工》,《北洋官报》第 1100 册，光绪三十二年六月二十八日。

根据张之洞的构想，粤汉铁路除了要在武昌省垣附近设站以外，还要分别在城南和城北过江，连结川汉铁路和京汉铁路。日后粤汉铁路在武昌城周围所建的通湘门车站、鲇鱼套车站和徐家棚车站，正是依照这一规划格局而设的。

　　然而，到了宣统年间，清政府却再次决定推行所谓"铁路国有"政策，并同英、美、德、法四国银行团签订了《湖广铁路借款合同》，将原本计划商办的川汉、粤汉铁路路权，重新出卖给了列强。清廷的这一举动，严重侵害了民族资本家和普通民众的利益，更暴露了其已沦为列强傀儡的本质，激起了四川、湖北、湖南、广东四省商民的强烈抗争，特别是在四川，更爆发了风起云涌的"保路运动"，最终成为辛亥革命的前奏。从 1905 年起至清朝覆灭前，在风雨飘摇的国势之下，粤汉铁路仅修通了长沙至株洲的一小段。

　　辛亥革命后，民国政府继续推进粤汉铁路的修建，1912 年 7 月在汉口成立"粤汉铁路督办总公所"，12 月时与川汉铁路管理机构合并，更名为"汉粤川铁路督办总公所"，著名工程师詹天佑任该所会办，1914 年后升任督办。此后由于"一战"爆发，欧洲银行借款不能如期支付，铁路工程再次停滞。詹天佑克服诸多困难，集中有限财力，分段修筑。1916 年，广州至韶关段建成通车；1917 年，武昌至蒲圻段通车；1918 年，蒲圻至长沙段建成通车。而早在清末的 1905 年，由江西萍乡至湖南株洲的株萍铁路即已通车。粤汉铁路湘鄂段建成后，萍乡安源的煤炭，终于可以通过铁路直达武汉，供应汉阳铁厂等武汉工厂之用了。

　　然而此后，由于军阀混战，加之株洲至韶关段沿途山高路险，施工难度较大，粤汉铁路湖南段进展缓慢。随着南方革命军兴，湖南成为广州国民

图 3-34   民国初年设于汉口日租界南小路（今陈怀民路）上的汉粤川铁路督办总公所。
《铁路协会会报》第 77 期，1919 年）

政府与直系军阀吴佩孚、萧耀南对峙的前线，粤汉铁路的修建，也再次陷入停滞。直到国民政府完成北伐，统一全国后的 1929 年，这一工程才再次得以推进。至 1936 年，历时 36 年的粤汉铁路工程终于全部完竣。当年 9 月 1 日晚，首班列车由广州开出，经过三天的旅途，于 9 月 3 日抵达武昌徐家棚车站，由此也标志着粤汉铁路全线通车。

武昌城近郊段是粤汉铁路最北端一段，早在民初即已修成。这段铁路由南而北，在巡司河西岸过余家湾车站后，向西分出一岔道，沿巡司河左岸直达鲇鱼套，并在此设站。主线则在长虹桥、武泰闸之间跨过巡司河，在城垣通湘门外设通湘门车站，随后继续向北，穿过沙湖至下新河后沿江岸下行，直至徐家棚商埠区一带止，并设徐家棚车站为终点站。

正如前述，长期以来，武昌城内东南一带，一直是较为荒僻的地带。清末张之洞建设千家街，又增开城垣通湘门，正是希望借助粤汉铁路的东风，促进城东南一带的开发建设。通湘门车站靠近城垣，自然本应成为武昌城区市民搭乘火车的主要车站。然而由于粤汉铁路建设进度的一再延宕，加之军阀混战导致民初武昌城市发展和建设步伐的停滞，武昌城东南一带的开发建设，长期没有较大进展，而通湘门外的这座铁路客运站，也始终处于一个荒郊野岭的环境之中。1926 年的一篇游记，曾描述通湘门外的景致，仍是"四顾坟冢累累，到处皆是"[1]。即使是到了 1936 年，情况也几无改变，时人曾描述道："通湘门到大东门荒废的旧城根畔，有很多死亡兵士草草埋葬的坟墓，

<hr/>

1　戴真如：《春晚通湘门经行记》，《三觉丛刊》第 2 卷，1926 年 3 月。

图 3-35　1936 年 9 月 3 日晚，由广州黄沙站驶来的粤汉铁路首班全线列车抵达武昌徐家棚站。(《良友》第 120 期，1936 年 9 月)

图 3-36　位于武昌城西南部的粤汉铁路鲇鱼套车站(《铁路协会会报》第 85 期，1919 年)

头上竖一上书'×营×连×排兵士×××'之尺长木板。大概都经过了
若干时日，上面那薄薄的一层土，早已被风吹雨洒去了，露出那已朽的薄木
棺板，里面尸骨一堆。那一片的地面上，一根一块的枯骨，随地皆是，路经
其地者，每移目不忍睹视！'可怜武昌城下骨，具是春闺梦里人。'几处山
岭上，布满垒垒荒冢，一目不极。"[1] 由于通湘门车站距离武昌闹市较远，周
边又十分荒僻，在此乘车不仅颇为不便，甚至不太安全，迁移车站的建议不
断被提出。1935年，武昌车站迁移一事终于被提上日程。当年秋，武昌市
政工程处向省政府呈文，内称：

> 查粤汉铁路湘鄂段武昌车站，原设于通湘门外，已历年所。乃自
> 设站以来，冷静如昔，实因该站距城区太远，往来费时，商民运输货
> 物及旅客行李，均感不便。且一片荒凉，常藏宵小，年来叠闹命案，
> 以致行人裹足。所有外来武昌旅客，多改往徐家棚站下车，绕道汉口，
> 再到省会。似此情形，通湘门车站不但无发展希望，在事实上无异虚设。
> 近来迭据市民以上述情形，请求改站。经处长会同湘鄂段管理局履勘
> 通湘、宾阳各门一带地址，就现在之趋势，认为湘鄂段武昌车站，实
> 有移设宾阳门之必要。按宾阳门处于平湖门相对地位，与汉阳门及省
> 会繁盛区域较为接近，交通便利。且宾阳门外珞珈山一带，年来日渐
> 发达，自武珞路筑成后，交通辐辏，沿途益臻繁荣。本处对于宾阳门

---

1 宝霖：《武汉散写》，《西北风》第12期，1936年11月20日。

附近，并拟有住宅区、风景区等计划建设，沿途警备，亦极周密，与本省各处公路路线，又互相衔接联络。粤汉路全线通车在即，设站于此，最便省会行旅上下，其业务日进繁盛，可操左券。即以地势论，宾阳门左近，地段广阔，平坦高亢，布置车场，设立车站，极为相宜。经与殷局长详加讨论，颇得同意。理合检同宾阳门附近一带地形图，具文送请钧座俯赐鉴核，准予转咨铁道部，建议将粤汉铁路湘鄂段武昌车站自通湘门改移至宾阳门设立，以便行旅，而利市政，实为公便。[1]

省政府将此事转咨铁道部后，铁道部部长顾孟余于当年 11 月 30 日下达训令，表示"宾阳门地方，核与汉阳门及省会繁盛区域均较接近，地点自较适宜。湖北省政府所请将武昌车站移设宾阳门一节，应准照办"[2]。显然，随着粤汉铁路的全线贯通，几成虚设的通湘门车站，实有迁移改造的必要，以适应愈加繁盛的粤汉铁路客运需求。粤汉铁路在武昌城垣外东面经过，在城垣附近，唯以宾阳门外一带较为繁华，人口亦较稠密。且经过 1930 年代的城市建设和道路改造，由城中阅马场向东出宾阳门，直达洪山、珞珈山一带的马路业已贯通，由此处进出旧城区，交通亦十分便利。因此，粤汉铁路局最终依照铁道部的决定，将通湘门车站北移至宾阳门外，并改名"武昌总站"，作为粤汉铁路在武昌的中心车站。武昌总站由何兴盛营造厂承建，

1 《武昌市政处呈湖北省政府文》，转引自《铁道部咨》（业字第 2089 号），1935 年 11 月 30 日，《铁道公报》第 1339 期，1935 年 12 月。
2 《铁道部训令》（业字第 4238 号），1935 年 11 月 30 日，《铁道公报》第 1339 期，1935 年 12 月。

图 3-37　1937 年元旦，首趟列车驶入宾阳门外新落成的武昌总站
（《礼拜六》第 674 期，1937 年 1 月）

建设经费由英国退还中国庚子赔款中划拨。[1] 车站站房建筑，采用当时最新式的现代主义建筑风格，装饰简洁，实用美观，而建筑规模，较之此前的通湘门车站大有扩张，不亚于汉口大智门车站。全部工程自 1936 年 9 月开工，1937 年元旦举行了落成典礼。当天，粤汉铁路总局局长凌鸿勋、平汉铁路管理委员会主席陈延炯联袂出席了典礼，并发表了热情洋溢的致辞。新站落成当天，就吸引了超过两万市民前来参观，一时武昌大东门一带人声鼎沸，喧闹非凡。[2]

1　《武昌宾阳门总站已开工建筑》，《粤汉铁路旬刊》第 5 期，1936 年 9 月。

2　《武昌总站元代举行落成典礼》，《粤汉月刊》第 1 卷第 1、2 期，1937 年 2 月。

　　不过，宾阳门一带尽管毗邻闹市区和城市主干道，交通便利，但周边扩展空间有限。且新中国成立后，长江大桥工程开始修建，因大桥选址龟山、蛇山一线，京广铁路由蛇山北麓连接大桥，在大东门、长春观一带需要转弯，民国时期的武昌总站，已无法再继续沿用，故而新的武昌火车站，又重新迁回了南边的通湘门车站原址处，这也就是今天武昌火车站之所在。不过，当年的粤汉铁路武昌总站门前通至武昌中山路的马路，至今依旧名为"老车站路"，这一地名，还在默默记录着当年武昌总站的历史。

　　伴随着粤汉、川汉铁路的规划建设，武汉三镇在未来的中国，势必将成为东西南北铁路干线的交会枢纽。但由于受长江阻隔，这几条干线铁路各自中断于汉口、武昌而隔江相望，显然将成为全国铁路交通的一大断点。因此，修建跨江大桥，将京汉、粤汉铁路连为一线，已日益成为武汉铁路建设的当务之急。从目前所见文献来看，最早提出在武汉修建跨江大桥计划者，是清末湖广总督张之洞。

　　据 1906 年的媒体报道，这年夏天"鄂督张香帅近与司道提议，欲于大江中建一铁桥，由武昌接汉口；再于襄河建一铁桥，由汉阳接汉口……将来二桥落成，既可免风波之险，且汉口一端可接京汉铁路，汉阳一端可接川汉铁路，武昌之桥则可接粤汉铁路云"[1]，这是目前文献所见关于修建武汉长江大桥的最早动议。虽然没有记载具体的大桥选址，但当时汉口沿江已有五国租界，若在武昌、汉口间直接建桥，则大致可以推测桥址应在武昌徐家棚一

<hr />

1 《鄂督议建江中铁桥贯通武汉》，《通问报·耶稣教家庭新闻》第 210 期，1906 年。

汉口分金炉一线以下。不过数月之后，经"日本工程师估勘工程，至少须一百七十余万金。鄂省以目下财政支绌，举行各项新政，在在需款，已决计将建桥之事暂缓，俟川、粤两路告成再议"[1]。

但是，张之洞对于建桥一事仍念兹在兹，不愿轻言放弃。半年之后的1907年春天，此事又再度提出。这次大桥工程仍由日本工程师勘测设计，"测定省城白沙洲祁阳公所直达汉阳鹦鹉洲财神庙。该处江面尚狭，广仅五里，水势复缓，于桥工颇为合宜。已绘成图形，呈请张宫保鉴核，旋经批饬路政处，速将该桥工程应需若干，核实估计禀复，以便拨款兴修云"[2]。与半年前相比，这次筹备建桥有了更加明确的选址：大桥改为建在武昌、汉阳之间，其具体选址大致在今武汉市二环线南段的鹦鹉洲长江大桥附近。此外，日方工程师已"绘成图形"，表明这次工程已有新的实质性进展，进行了大桥建筑的初步设计，并经过了张之洞的首肯。只是不久之后，张之洞调离湖广总督之任，这一由日方工程人员开展的武汉长江大桥初次选址设计工作，也就戛然而止了。

三年后的1910年底，美国方面有关人员又有过一次修建大桥的动议，并积极向清廷湖广总督瑞澂游说。当时曾有报道云："近日美人拟在汉口龙王庙与武昌之汉阳门两地间为设大铁桥，其资需银三百万两，由美人兴办。兹已呈其计划书件及图件等于瑞总督。外间有业经允许之说。"[3]由于武昌汉阳门与汉口龙王庙并不直接相对，这一报道所说的选址显然并非直接在这两

1　《武汉铁桥暂缓建筑》，《北洋官报》第 1120 期，1906 年 9 月 6 日。

2　《武汉铁桥勘定地段》，《北洋官报》第 1308 期，1907 年 3 月 23 日。

3　《武汉间将造大铁桥》，《广益丛报》第 255 期，1910 年 12 月 31 日。

地间架桥，而应是包含了长江、汉水两座桥，即由武昌汉阳门建桥抵汉阳，再北折至汉水建桥抵汉口龙王庙。汉阳门即在武昌蛇山西头黄鹤楼旧址附近，这一大桥选址已与今天的长江大桥基本一致。当然，以清末湖北严峻的财政状况，建设耗资巨大的跨江铁桥无疑是镜花水月。此外据英文《大陆报》（*The China Press*）报道，在 1911 年 9 月初，时任清廷邮传部长的盛宣怀也曾与德国银行签订协议，贷款 100 万美元，用于在武汉建设跨江大铁桥，这是清末关于修建武汉长江大桥动议的最后一次记载。不久之后辛亥革命爆发，清朝覆灭，在汉跨江建桥的梦想，被带进了民国时代。

辛亥革命武昌起义，使武汉成为首义英雄城、民国诞生地。在此背景下，武汉长江大桥的建设，在民初更被赋予了政治纪念的意涵。早在 1912 年初，蔡元培等人就明确提出应在武汉"建大铁桥，以为光复之纪念……诚革命纪念之壮观也"[1]。作为革命领袖和临时大总统的孙中山，对于这一想法也更是明确支持，并积极推动。当年 4 月初，他辞去了临时大总统一职，随即应副总统兼湖北都督黎元洪的邀请，南下访问武汉。在其抵汉的前一日，上海《新闻报》曾报道称："孙大总统前曾电咨来鄂，拟与黎副总统筹商，欲于黄鹤楼通至龟山，修筑铁桥一道，既便行旅之交通，又可作民国之纪念。并由两总统各捐银元一万，以为民倡。今既得此伟人竭力维持，纵使工费殷繁，当不难指顾。而集建筑落成，其壮盛当不亚于伦敦也。"[2] 显然，数天之后当孙中山登上武昌蛇山，对众人发表演说时所提出建设跨江大桥的宏伟构想，

1 《各省纪事·武昌：建筑纪念桥》，《湖南交通报》第 1 期，1913 年 3 月。

2 《武汉将修纪念桥》，《新闻报》1912 年 4 月 8 日，第 2 张第 1 版。

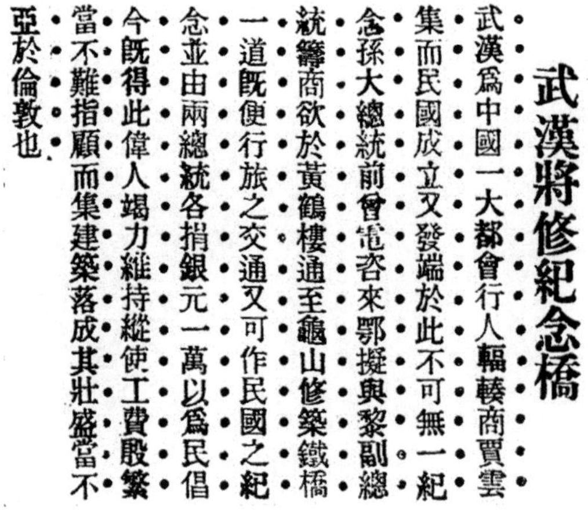

武漢將修紀念橋

武漢爲中國一大都會行人輻輳商買雲集而民國成立又發端於此不可無一紀念孫大總統前曾電咨來鄂擬與黎副總統籌商欲於黃鶴樓通至龜山修築鐵橋一道既便行旅之交通又可作民國之紀念亚由兩總統各捐銀元一萬以爲民倡今既得此偉人竭力維持縱使工費殷繁當不難指顧而集建築落成其壯盛當不亞於倫敦也

图 3-38　1912 年春上海《新闻报》报道武汉建桥计划

并非一时心血来潮。在他来汉之前，便已经有了在汉建筑长江大桥的成熟想法，并且明确提出应选址龟山、蛇山之间建桥。

与此同时，北京政府任命詹天佑为汉粤川铁路督办，继续推进清末未成的川汉、粤汉铁路工程。汉粤川铁路的关键枢纽工程，无疑便是连接三大铁路的武汉跨江铁桥。在伟人提倡以及革命后建设民国、荣耀武汉的时代背景下，民国初年的中外工程界，曾有过一次设计拟建武汉长江大桥的热潮。

1913 年，粤汉铁路湘鄂线工程局总工程师英国人格林森（又译"柯林生"）在汉口进行了考察勘测，随即拿出了一版大桥的设计方案，这也是目前所能看到的武汉长江大桥最早的设计图纸之一。该方案继承了清末和前一年孙中山所提出的选址，将大桥桥址定在武昌蛇山至汉阳龟山之间，依托两山山势，

图 3-39　英国爱丁堡福斯桥

在半山建筑引桥。大桥单设一层桥面，中央为上下行两列火车轨道，其两侧
为城市有轨电车轨道，再外侧为马车等车辆行驶的道路，最外侧为人行道。
在正桥的设计上，这一方案的桥身造型颇为复杂，显得气势雄伟，别具一格。
主桥分为两跨过江，在江中设三座桥墩，其上的三座主塔，被设计为一种造
型独特的"纺锤形"桁架。事实上，这一方案的主桥造型，是对此前英国
一座著名的大铁桥"福斯桥"的直接移植。福斯桥是苏格兰爱丁堡福斯湾
海峡上的一座铁路桥，1890 年建成，全长 1620 米，是当时世界著名的钢铁
桥梁工程。大桥主体结构采用了独特的"纺锤形"桁架，在获得了更大跨
度的同时，也收到的良好的视觉效果。桥身体量恢宏，据称仅铆钉便用去
800 多万枚，以至 "Paint the Forth Bridge"（给福斯桥刷油漆）成了一句形容

一项工作永远无法完成的俗语。1897 年李鸿章出访英国期间，曾参观该桥，对其大加赞叹。这一雄伟壮观的桥身造型，无疑也与"首义纪念桥"的政治意涵更加契合。

与此同时，北洋政府还另外委派了北京大学的德籍教授米娄（Georg Müller），带领十数名北大工科毕业生南下武汉，也着手进行跨江大桥的勘测设计工作。米娄团队在大桥选址问题上，也认为在龟、蛇两山之间架设大桥为最佳，但在桥型的具体设计上，则有不同看法。当时参与其事的北大学生夏昌炽曾在其所撰《武汉纪念桥勘测报告》中对格林森的"福斯桥"方案表达了不同看法，认为其不过是照搬多年之前英国的旧式桥形，"断不合于将来之用。且观其预算，亦仅就已成之同式之桥，比较桥身之长短，以定价值之多寡，似亦非适合于实际者也"[1]。

对此，米娄团队根据考察勘测，设计出了新的大桥方案。该方案计划在靠近武昌一侧江水最深的长江主航道附近建设大桥主跨，其余江面部分则以较为密集的连续简支梁架设。中央主跨部分，米娄团队给出了三种不同造型的设计方案，在经济实用和雄壮华美方面各有不同侧重。在桥面布置上，米娄团队认为从长远发展考虑，大桥应设两层桥面，"建二层路于铁路之上，专为街市交通，使铁路与道路运输两不相妨，至为便利……且此种双层桥面之计划，较之铁路道路同在一平面者，尤为工坚而费省也"[2]。这是最早提出武汉大桥应设双层桥面的设计方案。只不过，民初北京政府对于修筑武汉大

1　夏昌炽：《武汉纪念桥勘测报告》，《铁路协会会报》第 12 期，1913 年 10 月。

2　李文骥：《武汉跨江铁桥计划》，《工程》第 7 卷第 4 期，1932 年 12 月。

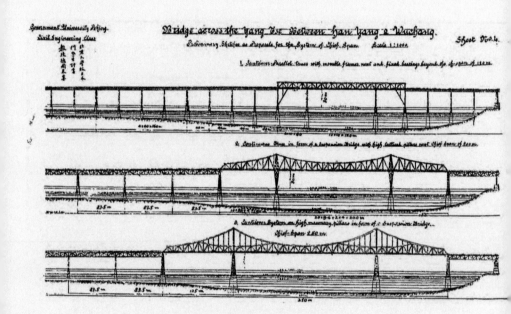

图 3-40　米娄团队设计的武汉长江大桥三种桥型备选方案

（《工程》第 7 卷第 4 号，1932 年 12 月）

桥，实为"叶公好龙"而已。无论格林森方案还是米娄方案，在完成初步设计后，皆被束之高阁，成为纸上谈兵。而大江天堑，洪流依旧。

十年之后的 1921 年，修筑武汉长江大桥一事再度被提出，这次乃是由交通部的美籍顾问华特尔（John Alexander Low Waddell）主持其事。华特尔此次设计，充分借鉴研究了十年前北大米娄团队所编写的意见书，也认为长江大桥应选址江面最窄的龟、蛇两山之间。在汉水桥的选址上，汉口华界在辛亥革命中被焚毁的市区此时皆已恢复，米娄方案拟横穿被焚市区，在汉口武圣庙一带过汉水的方案事实上已较为困难，故而华特尔决定将汉水桥址上移至硚口。跨江大桥部分，华特尔也依然采用江中主航道设主跨，其余部分以连续简支梁架设的方案，其中中央主跨计划采用升降式活动梁。他在计划书中写道："在长江大桥之下，为航海巨舶之具有高桅者可以通行起见，华特尔于附图第二张，标识一可以升举之桥孔，长三百二十六英尺，升高后竖面净空一百五十英尺。此净空倘仍不敷，仍可酌量加高，所费亦不巨也。"[1] 不仅长江大桥，华特尔在汉水桥的设计中，也计划将桥设计为贴近高水位的低桥，而将主跨也设计为升降活动式。这种升降式钢铁桥，是华特尔所偏好的一种桥梁形式，他在世界各地设计了许多这类桥梁，在具体的升降机械和钢梁结构设计上，也有许多独创的发明和专利。此前，他曾在美国堪萨斯城北侧的密苏里河上，设计建造了一座升降式铁路桥，该桥主跨桥面通过上方的钢桁架悬挂，当下方大轮船需要通过时，则通

---

1 〔美〕华特尔：《武汉大桥联络南北交通计划书》，《铁路协会会报》第 117 期，1922 年。

过升降机将桥面上提。华特尔即计划在汉水桥的主体结构上，也采用这一设计。

　　然而，此次北洋政府对于架桥计划依然决定束之高阁。及至 1929 年，中国进入南京国民政府时期，新政府"统一"全国伊始，在建设上展现出了一些积极姿态。这年 4 月，蒋桂战争刚刚结束不久，不甘失败的华特尔便又一次来到武汉，向中国政府推销他的大桥方案。这次他的方案"与民十大致相同，不过稍有变更"，如修改了中央主跨的长度等，但总体上看，从大桥选址到桥型设计，都基本与 1921 年方案相同。

图 3-41　位于美国俄勒冈州波特兰市的霍桑大桥（Hawthorne Bridge），建于 1910 年，由华特尔设计，是美国最古老的垂直升降式桁架桥之一。华特尔设计的武汉长江大桥方案，即与此桥结构和造型十分类似。

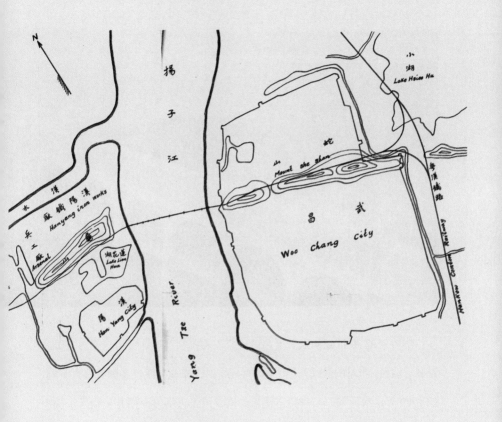

图 3-42 华特尔设计的武汉长江大桥选址方案

（《中华工程师学会会报》第 9 卷第 78 期，1922 年）

　　华特尔是 20 世纪初欧美著名的桥梁工程师，其设计资历与能力自毋庸置疑。然而，当时的武汉乃至中国的实际情况，毕竟与欧美各国有很大不同。如 1929 年这次计划，与华特尔接洽的武汉市工务局方面便有工程人员提出疑问，认为大桥主跨升降的电力供应恐成问题：武汉当时的市政发电厂无力供应大桥用电，需另建发电厂，且一旦发生停电故障，大桥控制和水陆交通调度都将面临问题。更重要者，武汉大桥所跨越的长江，是中国南方东西向的主要航道，船只往来极为频繁，而大桥本身承载着全国铁路南北干线京汉、粤汉铁路的连接，以及武汉三镇彼此交通往来这两大功能，无论铁路还是公路交通，都极为繁忙。而升降式桥对于江面行船和桥上行车不可同时兼顾，

图3-43 武汉长江大桥今貌(摄于2020年1月)

且每次升降开合，皆须大量等待时间，这无疑极大降低了大桥的使用效率。而对于武汉而言，大桥桥址两岸为龟山、蛇山，完全可以借助山势将大桥架高，并无必须采用升降桥之必要。

从1930年代开始，国民政府又先后组织了多次武汉长江大桥的勘测设计工作，特别是在1937年和1947年的两次，已经着手准备动工建桥，但由于战争原因，最终也未能建成。这几次设计中，茅以升等中国本土桥梁工程师已担其重任，虽然建桥之梦仍尚未完遂，但在这几次勘测设计过程中所积累的经验和资料数据，也为1950年代新中国最终建成长江大桥提供了重要参考。

旧城内外：城市空间的更新与拓展

　　汉口开埠后，这座中国内陆的沿江商埠，迅速成为华中腹地的口岸门户，在促进城市发展的同时，它也成为列强对中国内陆进行经济掠夺和侵略的门户。汉口在晚清时期先后开设了英、德、法、俄、日五国租界，十几个国家在汉开设领事馆，而在汉口进行各类商贸活动的国家数量更多。外资不仅在汉口设立洋行，从事进出口贸易活动，更直接投资建设工厂、银行、轮船公司等，依靠不平等条约所赋予的在华政治及经济特权，攫取了巨大的经济利益。

　　外国势力以汉口为跳板，对中国所进行的种种经济侵略，使晚清湖北开明之士感到忧心忡忡，这其中，湖广总督张之洞尤其有着深刻的认识和思考。张之洞认为，与其坐视列强在汉口的通商活动和中国经济利益的流失，不如主动开放，在省城武昌自开商埠，为国争利。1900 年，他上奏清廷，正式请求在武昌武胜门外沿江一带划设商埠区，自开武昌商埠，随即得到了朝廷批准，由此武昌也成为了长江沿线的开放口岸。

　　武昌城外的滨江地区，之所以能够被张之洞选定为商埠区，与此前张之洞对武昌地区堤防闸口的大举兴修和整治，有着密切的关系。正如本书前述，武昌在明清时期，城市空间长期局限于城墙以内，城外大多数地方还是一片荒芜，这其中的一个重要原因，便是水患的侵扰。虽然城外南北两面，在道光年间曾由时任湖广总督周天爵主持修筑过沿江堤防，但经过半个多世纪后，这些旧堤早已年久失修，致使江水浸灌，"每遇盛涨，内外通联，良田数十万亩，尽成泽国，居民耕种失业，极形困苦"[1]。而城外的众多湖泊皆与长江连通，每逢夏季洪水来临时，由于缺乏堤防闸口的防护，亦随之一同涨水，使得被这些湖泊包围的武昌城，一时间便沦为水中孤岛，城墙外化为一片泽国。对于大江大湖环抱的武昌城而言，水是这座古城的血脉，但也会不时地给这座城市带来灾难。这样一种放任自流的水文状况下，武昌城外广阔的滨水地带，显然是难以发展起来的。

张之洞督鄂时期，正是意识到武汉三镇的城市发展，必须要解决水的问题，因此在长江南北两岸的武昌和汉口，都进行了规模浩大的水利工程建设，给这两座城市带来了重要而深刻的变化。在汉口，张之洞主持修筑了张公堤，这道横亘在汉口城区外围的大堤，将汉口市区与江汉平原东部的诸多河流湖泊分隔开，使后湖地区大量土地涸出，极大拓展了汉口市区的发展空间，也消除了江汉平原水患对汉口市区的威胁，为此后这座城市的进一步发展奠定了重要基础。与此相应的，张之洞在长江南岸以武昌城为中心，向上下游两个方向修筑了武昌地区沿江堤防。光绪二十五年（1899 年）初，张之洞委任幕僚李绍远等人，负责城外沿江堤防的修筑工程。他在委札中写道："查核南北两堤以内数十里，大小湖荡十余处，均系由积水渟蓄，江水灌注而成。其东、南、北三面均有山岭围绕，并无河道来源……自应趁春汛

1　张之洞：《札知州李绍远等修省城内外南北堤工》，光绪二十五年正月十九日，赵德馨主编、吴剑杰点校：
　　《张之洞全集》第 6 册，武汉：武汉出版社，2008 年，第 207 页。

未涨以前，委员分别勘修，以卫民田，而复官厂。查有候补直隶州知州李绍远，勘以委派承修望山门外鲇鱼套至金口龙船矶一带堤工；截取知县徐钧溥，勘以委派承修武胜门外红关至青山兰木庙一带堤工，均会同江夏县办理。至鲇鱼套小河、兰木庙小港，江水由此灌入，应修两闸，以资捍卫，而便宣泄。另派专员勘修，以期迅速，仍责成李牧、徐令二员督率，稽查工程。"[1]同年夏，张之洞又委员利用修筑红关至青山堤工的余料，修筑了武胜门外曾家巷至红关的沿江堤防，从而最终完成了整个武昌城外上起金口，下至青山，全长 30 多公里的沿江堤防。

在这其中，武昌往上至金口为武金堤，往下至青山为武丰堤。这两座巍巍长堤中，又建设了两处至关重要的闸口，即武金堤最下游横跨巡司河的武泰闸，与武丰堤最下游青山矶下的武丰闸。这两道看似普通的闸口，却是张之洞治理武昌郊外河湖水系的两处最关键的控制工程。武泰闸所在的巡司河，在当时是整个武昌南郊汤逊湖水系向长江的主要排水通道，包括晒湖、南湖、野芷湖、汤逊湖等湖泊之水，都最终通过巡司河汇流，在鲇鱼套汇入长江。而青山矶下的武丰闸，则是武昌东郊和北郊的东沙湖水系的出江口，东湖、沙湖两湖之水，在向北流经北洋桥一带以后，至青山矶下由青山港流入长江。在此二闸修建以前，每逢汛期，湖水不能自流出江，江水甚至会沿着巡司河、青山港倒灌，致城外诸湖水位大涨，淹没湖滨地区，使得武昌城

1　张之洞：《札知州李绍远等修省城内外南北堤工》，光绪二十五年正月十九日，赵德馨主编、吴剑杰点校：《张之洞全集》第 6 册，武汉：武汉出版社，2008 年，第 207 页。

图 3-44 武丰闸旧址今貌，摄于 2018 年 8 月

图 3-45 镶嵌于闸顶栏板上的"武泰闸"铁匾（摄于 2021 年 6 月）

外成为一片茫茫大泽。武丰、武泰二闸修筑以后，当汛期来临时，通过关闭闸口，连同武金、武丰二堤，就可以阻止江水倒灌进武昌城外的这两大湖泊水系，使这些昔日与长江一样桀骜不驯、放任不羁的湖泊得以温顺平静下来，而沿江沿湖的平原地区也就因此获得了安全保障，才有了开发建设的可能。可以说，坐拥"大江大湖"天然形势的武昌，真正走出城墙的庇护，开始拥抱大江大湖，从城垣时代开始走向"湖滨时代"乃至"长江时代"，正是从张之洞修筑了武昌沿江这两闸两堤开始的。

　　武昌城北武胜门外的沿江地区，西临长江，东濒沙湖，夏季时原本为这两大水域泛起的洪水所夹击。由于武丰堤和武丰闸的修建，水患得以解除，这一带便具备了进行大规模开发建设的前提条件。张之洞在修成武丰堤后的第二年，即下令将武丰堤以西至江边，以东距离堤脚一千丈范围内土地全部划为官地，以供"将来鄂省官设局所、农田、营房、马厂以及一切有益本省地方重要公事"之建设。[1] 而这一地区的中段，在地理上又靠近汉口，与五国租界区和汉口沿江各码头隔江相望，交通和商业区位优良。张之洞正是看到了这些潜在的优势，才下决心要将武胜门外的武昌城北郊列为未来武昌城向城垣以外进一步发展的新区。

　　当时清朝已开始筹建粤汉铁路，而粤汉铁路抵达武昌这一终点后，势必还要通过长江轮渡或跨江铁桥与汉口的京汉铁路相衔接。张之洞自己曾说："武昌省城武胜门外，直抵青山滨江一带地方，与汉口铁路码头相对。

1　张之洞：《札江夏县履勘红关至青山地段》，光绪二十六年十月十九日，赵德馨主编、吴剑杰点校：《张之洞全集》第 6 册，武汉：武汉出版社，2008 年，第 356 页。

从前美国人勘粤汉铁路时，即拟江关一带为粤汉铁路码头。是武昌为南北干路之中枢，将来商务必臻繁盛，等于上海……武昌东西扼长江上下之冲，南北为铁路交汇之所，商场既开，商务日繁，地价之昂，可坐而待。"[1] 张之洞认为徐家棚地区日后将成为粤汉铁路与京汉铁路的接驳处，在未来中国南北铁路交通大格局中跃升为关键的枢纽，其发展前景无限可期，因而在粤汉铁路修通以前，先将此地占为商埠，并优先鼓励华商投资，为民族工商业的发展创造有利条件。事实上，当时的徐家棚地区尚为十分荒僻的郊野地带，距离武昌旧城的距离亦较为遥远，道路交通十分不便。张之洞的这一选址规划，可谓是十分超前的，他是希冀以铁路来带动武昌城市空间的拓展，依托粤汉铁路这一未来南方中国的南北交通动脉，来促进武昌城垣以外城市近郊新市区的发展。1900 年，张之洞上奏清廷，获准在武昌徐家棚自开口岸，并建设商埠区。[2] 为了推进商埠区的开发建设，张之洞命江夏县成立"商场官地清丈局"，将划定商埠区内的土地仔细清丈，并将私有土地收购为官地。随后，将这些土地划分为甲、乙、丙、丁四个等级，分块对外租售，鼓励商人前来投资兴业。为了配合商埠区的开发，张之洞还着手开始修筑马路，按照新的规划模式，在沿江地区规划了分别与长江平行和垂直的纵横干道数十条。

1　张之洞:《收买通商场地亩折》，光绪二十八年九月二十五日，赵德馨主编、周秀鸾点校:《张之洞全集》第 4 册，武汉: 武汉出版社，2008 年，第 73—74 页。

2　张之洞:《请自开武昌口岸折》，光绪二十六年十月十八日，赵德馨主编、周秀鸾点校:《张之洞全集》第 3 册，武汉: 武汉出版社，2008 年，第 577 页。

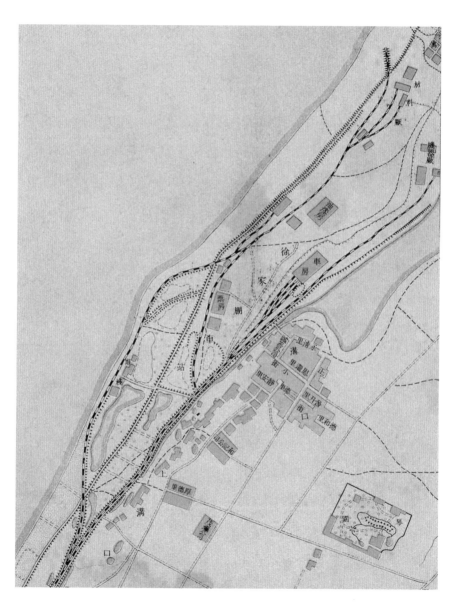

图 3-46　1930 年《武汉三镇市街实测详图》中的徐家棚车站一带

遗憾的是，粤汉铁路的修建，却远不如之前的京汉铁路那般顺利，而是一再延宕，进展极为缓慢。在武昌商埠区获得清廷批准开设后的整个清末十余年时间里，粤汉铁路湖北段都没能开工，至民国后的 1918 年，才终于完成武昌至长沙段。直到此时，徐家棚商埠区一带的发展建设进程，才终于迈出了实质性步伐。1919 年 12 月，湖北督军王占元和省长何佩瑢致电北京政府内务部和农商部，称"湖北省城武胜门外十里地方，前于清光绪年间，经湖广总督购置地亩，奏准开为通商场在案。前于民国六年间，占元在兼省长任内，以武昌为南北干路之中枢，粤汉铁路行将告成，转瞬南北干路衔接，商务振兴，实为中国内陆第一商埠。因于清理官产处附设通商事务所，已经筹备有绪。迭据武汉商会及业主询问何日实行设置商埠局，又外人询问商埠局成立日期，亦不止一次，实未便再事延缓。查官产处长兼武昌通商场事务所长之韩光祚，心精力果，有守有为，经验多年，情形贯澈。兹查照《自开商埠章程》第四条，决定以武胜门外前湖广总督所定之甲、乙、丙、丁地段为武昌商埠界址。"对于此事，内务部和农商部认为"武昌通商场业已筹设多年……现在中外人民，对于该处开埠，企望甚殷，自应先行设置商埠局，以慰舆情，而兴埠务"[1]。然而，商埠局设立后，忙于军阀混战的北洋政府湖北当局，显然在推进武昌商埠开发建设一事上，依旧碌碌无为，而经费无着更是制约商埠开发建设的重大短板。至 1924 年，统治湖北的直系军阀萧耀南，

---

1 《内务总长田文烈、农商次长代理部务江天铎呈大总统呈请设置武昌商埠局并荐任韩光祚兼充局长文》，《政府公报》第 1498 号，1920 年 4 月。

与英国商人签订了一份总额高达 5000 万大洋的借款合同，用以拆除武昌城垣，实行旧城改造和规划建设，并推进武昌商埠区的开发。[1] 这一巨额借款合同，引起舆论一片哗然，各界都认为，萧耀南以推进武昌城市发展建设为名签订此笔借款合同，不过是一个掩人耳目的借口，其真实目的，是为了筹措军饷，以进行军阀战争。此后不久，随着第二次、第三次直奉战争和北伐战争的爆发，武昌商埠开发建设的步伐，在北洋时代后期刚刚迈出第一步，便再次宣告夭折了。

张之洞关于武昌商埠区的开发建设构想，尽管最终落空了，但从清末到民国，地方上为了推进这一计划，仍然进行了诸多努力，并取得了一些成效。如民初粤汉铁路湘鄂段建成通车后，除了在武昌城南的鲇鱼套和城东南的通湘门分别设站外，仍按照最初的计划，将铁路北延至徐家棚，并以徐家棚站为终点站。粤汉铁路湘鄂段管理局亦设在车站下游不远处。铁路的通车促进了徐家棚地区的发展，当年湘鄂段工程局在徐家棚一带建有气派的洋房若干栋，蔚为壮观，这一带也因此得名"洋园"（文革后改名"杨园"）。

除了徐家棚商埠区以外，张之洞在距离武昌旧城较近的地方，还规划了两片"新市区"，作为武昌城市发展的新区。这两块新市区，分别是武胜门外的大堤口至上新河一带沿江地区，以及城墙内的旧城东南一带。1905年曾有媒体报道："鄂督以武昌城内人烟稠叠，又因建造局厂学堂，拆去民居甚多，致屋价日昂，故拟于武胜门外，自城外直抵江边（长约三里），开

1 《武昌商埠大借款合同》，《银行周报》第 8 卷第 7 期，1924 年 2 月。

图 3-47　民国时期的粤汉铁路湘鄂段工程局大楼，位于今武昌杨园一带

《《铁路协会会报》第 77 期，1919 年）

设新市街一道，招人起造店铺住房。其街道之宽狭，沟渠之通塞，均有一定制度，以便规模整饬，将来即可作为武昌城出入要道。"[1] 根据 1909 年《湖北省城内外详图》的描绘，张之洞所规划的这个武胜门外新街市，位于铜币局运矿铁道以北，恺字营以南，长江江岸和武胜门外正街之间。至 1909 年，当局已初步完成了这一区域的路网规划和建设，修筑了四横三纵的道路网络，其中四条与长江垂直的马路，由上往下依次命名为"一马路""二马路""三马路"和"四马路"。与最终无疾而终的徐家棚商埠区相比，武胜门外新街

1　《武昌将开新街市》，《大陆》第 3 卷第 7 期，1905 年。

市的开发迈出了更多的实质性步伐。按张之洞的最初构想，这一带将开发
为商业和居住区，虽然这一想法最终未能遂愿，但得益于道路建设和土地
平整，在民国后，这一区域被民族资本家看中，在此成立了"第一纱厂"。
经过民初的几次扩建，一纱厂区面积达到数百亩，涵盖了从一马路到四马
路之间的全部地块，此后这一纺织工业区更进一步向下游的新河地区扩展，
形成了一纱、震寰、裕华三大纱厂并立的纺织工业格局。张之洞当年构想
的武胜门外新街市，最终演变为武昌的纺织工业中心，亦可谓是"种瓜得
豆"了。

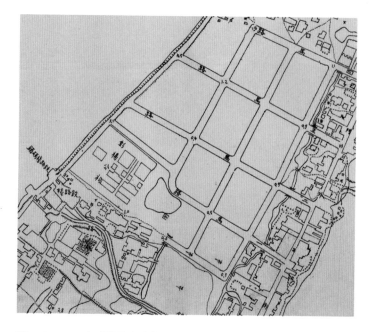

图 3-48　1911 年《湖北省城内外详图》中的武胜门外新街市

　　对于明清以来长期荒芜的武昌城内东南地块，张之洞也有推进这一区域开发建设的构想。正如前述，虽然明初扩建武昌城垣时，将蛇山以南、紫阳湖以东的广大地区圈入了城内，但由于交通不便，这一地块长期以来仍然是一片榛莽，人烟稀少。到了清末，这一带已成为武昌城内唯一尚未开发的空地。而随着环城垣东部而过的粤汉铁路即将动工修建，张之洞认为铁路的通车势必极大改变这一地区的交通状况，为其带来新的发展机遇，因而开始着手对东南部城区进行开发。明清以来，在宾阳门和中和门之间长达近五华里的城墙之中，都没有开设城门，虽然规划中的粤汉铁路将要从这一带城垣外经过，但若不打开城垣的阻隔，铁路将难以带动城内发展。因此，张之洞在这段城墙中部，新开了一座城门"通湘门"，开辟了东南城区进出城垣的新通道。随后，他又在城内从通湘门至宾阳门之间，修筑了一条新的笔直的街道，取名"千家街"，寓意商贸繁盛，人口稠密，将来可成为"千家之街"。

　　北洋时代，由于军阀混战，武昌的城市建设长期停滞不前，没有取得较大进展。城内道路基本沿袭清末的格局，只是增筑了蛇山洞。由于蛇山东西横亘全城，南北两半城区之间的往来通行，一直是明清以来武昌城内交通的一大瓶颈。近代以前，南北交通只能依靠城外沿江的狭窄道路，和城内南楼下的门洞通行，极为拥挤不畅。民国初年，地方当局为了便利南北交通，在蛇山中段阅马厂东北角，开凿了一处山洞，连通山北的胭脂坪一带。当时在山洞前，曾立有一方纪念碑，由负责此项工程的罗鸿升撰写碑文：

武昌，通都也。有山焉，襟江带湖，屹然耸峙，东西绵亘十余里。其形如长蛇然，故以蛇名。梗塞南北交通，熙来攘往者，罔弗嗟行路之难也。民国元年六月，鸿升总理陆军工程局，承副总统黎命，就山下适中地点，开凿孔道，以利行人。始而惧其工之不可必成，既而惧工成不可以岁月计。卒乃捐除疑惧，体黎公为民兴利之心，奋愚公碑精移山之志，督率工匠，星夜开凿，不年余而洞工成矣。自兹以往，易崎岖为周道，行人无复歌上山之难；变险夷为垣途，孝子不必切登高之惧。其即黎公兴利于民之一征也夫！是为记。[1]

蛇山隧洞的凿通，使武昌山南山北之间，增加了一条新的南北通道，对于改善城内交通有着重要意义。山洞建成后，初拟命名为"元洪路"，而为黎元洪不允，改名为"武昌路"[2]，并由黎氏亲笔题写了路名，刻在南北两端门洞的上方。由于此隧道的开凿，由胭脂坪一带去往南城变得极为便利，这一带在民初迅速得到开发建设，许多达官贵人选择来此建设公馆别墅。在今天的胭脂坪，仍保留有当年黎元洪等人的洋房。武昌路隧道最初为砖拱结构，受雨水侵蚀而不断发生变形垮塌。至1928年，在湖北省建设厅的主持下，对其进行了一次彻底的翻修和加固，将隧道拱顶改为钢筋混凝土结构，大大增强了其坚固性。时至今日，武昌路隧道依然是武昌旧城内南北交通的重要通道。

1 《蛇山洞之碑文》，《黄花旬报》第1期，1914年6月。

2 《武昌路工告成》，《新闻报》1914年7月28日，第2张第1版。

图 3-49　1928 年改建中的武昌路隧道（《湖北建设月刊》1928 年第 1 卷第 6 期）

在国民政府时代，由于国内局势相对安定，湖北省对于省会武昌的城市规划和建设，较之北洋军阀时代有了很大进步。省建设厅对武昌全城的道路进行了通盘的规划设计，首先便是建设了沿江马路、环城马路和司门口至望山门马路。沿江马路利用拆城后的城墙墙基空地修筑，使昔日江边城外狭窄拥塞的羊肠小道，一跃成为宽敞开阔的大道。环城马路，在宾阳门以南亦以城墙基地筑路，宾阳门以北则利用清末修建的铜币局运矿铁路路基，在城墙旧址的外围修建了马路。环城马路建成后，被统一命名为中山路。城内部分，除了修复加固武昌路隧道以外，对于南北向最主要的交通干道——司门口经南楼至望山门的马路，也进行了大规模的拓宽取直改造。这段道路的改造重点，同样是打通蛇山的阻隔。在此之前，蛇山在此处建有"南楼"，作为城内的鼓楼。南楼是一座过街楼，其下开凿有一座门洞，供南北往来交通之用，因此这座门洞也常常被市民称为"鼓楼洞"。然而这一门洞毕竟十分狭小，不敷使用。南楼和鼓楼洞的存在，亦日益成为古城南北交通干道上的梗阻。到了国民政府时期，当局便下定决心予以彻底改造，不仅拆除了南楼，更完全凿断此处蛇山山体，将原本封闭狭窄的鼓楼洞，开凿为开阔宽敞的大马路。经过持续数年的一系列改造，由望山门向北至司门口的道路，在拓宽改造的同时，又进一步北延穿过省政府旧址（亦为清代湖北布政司旧址）直达司湖，最终在1936年连成了宽敞开阔而整齐笔直的一条大路。这条新修筑的贯通全城南北的交通干道，被统一命名为"中正路"。1936年《益世报》报道称："该路前身为长街，从前系一长而又狭之青石街。但此街之繁盛，为其他各街之冠，自朝至夕，摩肩接踵，车水马龙，络绎不绝。路东［南］段与省府接近，市政处大厦，亦巍矗其间；司门口一带，为繁荣之总汇，大银行、大银楼、大绸缎店，皆集合于此，并系重建之新厦，彼此毗连，金城银行新厦，尤为壮丽。他如交通、大陆、湖北省、中央等银行建筑虽小，但别出匠心云。"[1] 中正路是国民政府时期在武昌旧城内所兴修的最重要的一条新马路，其焕然一新的街景风貌，代表了这一时期国民政府湖北当局对改造古城所做出的努力。

---

1 《武昌路政一新——中正路已完成，新筑楼房极为壮观》，《益世报》1936年8月30日，第1张第4版。

图 3–50　1930 年代的武昌中正路南段街景

在城市管理方面，这一时期的武昌亦有气象一新之处。1934 年一位到访武汉的外地商人，曾在报上刊发游记，对当时武昌的警察赞叹不已。他写道："余生平足迹所至，几遍全国。所见警察之优良，允推武昌省会为首。该地警察，年龄均在二十岁至三十岁之间，服装整洁，精神饱满。不持警棍，只佩防护短剑。平民遇事向其询问，不但彬彬有礼，且详为指导，具见服务之真诚……余三次渡江，所遇友人至多，每述及武昌警察，无不赞许。"[1]

总的来看，国民政府时期，武昌旧城改造更新的步伐明显加快，不仅许多在北洋时代"纸上谈兵"的想法得以付诸实施，在其他一些方面也有了进一步的前进。1936 年的一篇《武昌杂写》这样写道："武昌在从前是古城，在现在为都市。高大的城墙，是早已拆除了；古老的黄鹤楼，亦已尽改旧观；修洁的马路，一条条的改建，什么平阅路呀，中正路呀，胭脂路呀……有的早已完成，有的尚在建筑；矮小的平房，因为折让马路，换来不少四层五层的西式洋房。在夜晚，各大商店的霓虹灯，更闪烁得耀人耳目，悠扬的播音机，也吸引着不少的观众。街市的行人，是那样的多，日夜潮水似的流动着……真的，武昌是渐渐走上了大都市的轨道了啊！"[2]同年 10 月的一篇媒体报道，可视为对这一时期武昌城市建设取得成就的高度概括：

---

1 谢鹏飞：《武汉之游》，《新闻报》1934 年 9 月 27 日，第 13 版。

2 范钦墀：《武昌杂写》，《西北风》第 8 期，1936 年 8 月 16 日。

气象一新之武昌城

——芳草萋萋中频添了许多崇楼杰阁

自杨永泰氏主鄂后，委程文勋为市政处长，对于繁荣武昌计划，进行不遗余力，半年来，全市已焕然一新。向来狭窄弯曲之石面街巷，今已变为宽二十公尺之洋灰面平坦马路。自司门口起至省政府止为中证路南段，工程早已完竣，两边铺面经翻造后，均有新气象，夜间年红灯广告，闪烁辉煌，耀眼生缬。其南楼古迹地址，现建洋灰铁筋拱桥一座，联络黄鹤楼至抱冰堂之山上交通。中正路北段工程，其人行道与碎石路，均已完成，刻正铺筑由司门口至丝[司]湖之洋灰路面，俾与南段衔接。在双十节前准可通车，并为纪念鄂籍先贤及有功鄂政诸名人起见，经市政处呈准将新修各路分别命名"熊廷弼路""胡林翼路""张文襄路"，而以全市最主要干路命名为"中正路"，以供市民景仰。其他建设，如宫殿式之省立图书馆，位于抱冰堂下，刻将完工；紫阳湖公园正在修建，蛇山公园亦在计划中；公共体育场有扩充计划，前曾聘请沪上名建筑师董大酉君来鄂设计。因马路积极建设之结果，武昌地皮已赓续涨价，其商业中心区之司门口，为山前山后交通要道，省会公安局旧址，因中正路北段成功，两旁余地三千余方官产，已经省会公产整理委员会会同市政处，将该处划为商区、戏园区、菜场、儿童公园、住宅区等。总之，武昌市政之改良与建设，迄正方兴未艾；益以粤汉路通车，遂使武昌更见繁荣矣。[1]

---

1 晴川:《气象一新之武昌城: 芳草萋萋中频添了许多崇楼杰阁》,《铁报》, 1936 年 10 月 3 日, 第 4 版。

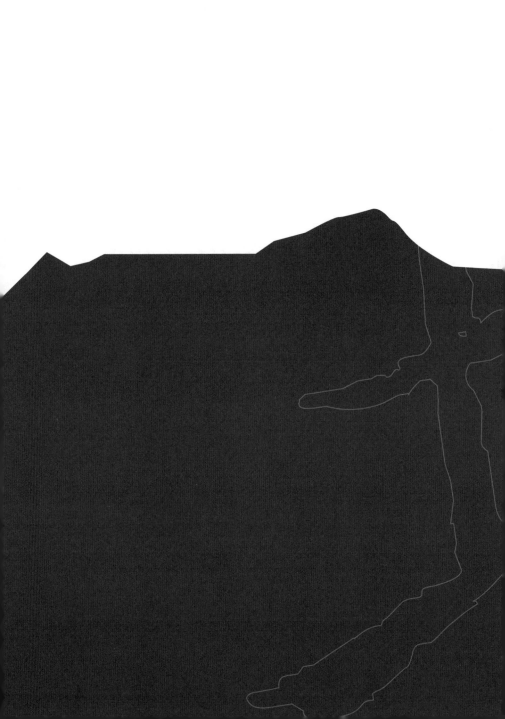

第四章

新景的城

镜中城景：西人所摄早期城市影像

　　摄影技术是借助感光材料被日光照射后产生的化学反应，来生成稳定的影像。目前已知最早的摄影技术应是 1826 年由法国人尼埃普斯（Niepce）发明的"日光蚀刻法"，但成熟并公开的最早摄影技术，是法国人达盖尔（Daguerre）于 1837 年发明，1839 年公布的"银版摄影法"。银版照片用镀碘化银金属板作为底版曝光，以水银蒸汽显影成像，画面清晰锐利[1]。但这种照相法曝光时间太长，使用亦极为不便，没有得到大规模推广。1850 年代，欧洲又相继诞生了蛋白照相法和火棉胶湿版照相法，这两项技术的普及，使得照相材料得以工业化生产，照相技术才真正得到大规模普及，人类从此开始进入影像时代。就在这两项新的照相技术发明后数年，地处长江中游的汉口因《天津条约》而辟为通商口岸，1861 年正式开埠并开设英租界，照相技术正是在这一过程中来到武汉三镇的。古老的武昌城，也正是从 1860 年代开始，有了镜头中的最早历史影像。这些珍贵的老照片，是我们认识武昌老城墙最直观、最立体、最精确的一手史料，价值不言而喻。近年来，国内外陆续有越来越多的武昌老城近代影像资料被发现和公布，极大丰富了我们

1　吴炜:《摄影发展图史》，长春：吉林摄影出版社，2001 年，第 1—5 页。

对武昌古城的认识和了解。在此，我们且就一些近年新见的经典历史影像，来一起感受近代外国摄影师镜头下的武昌古城。

文献中目前所见武汉地区最早的摄影活动发生在 1858 年。当年中英《天津条约》签订，汉口被开辟为通商口岸，英国使团随后在额尔金勋爵的率领下，乘坐军舰沿江而上，在 12 月抵达汉口进行考察，并得以进入武昌城，拜会了时任湖广总督官文。12 月 11 日这天，官文带领他的官员们，登上了英国军舰进行礼节性回访。额尔金的私人秘书俄里范（Laurence Oliphant）记载下了这次外交活动的一个细节："午宴后我们在甲板上为他（官文）拍摄了照片。拍摄效果可以在木版画中看到，照片充分体现了大人的威仪。拍照后，他几乎强制性地让乔斯林做出最庄严的承诺：在回到上海后一定给他回寄一套照片。"[1]

这里提到的乔斯林，有幸成了文献记载中在武汉第一个按下快门的摄影师。当时年仅 26 岁的威廉·拿骚·乔斯林（William Nassau Jocelyn），不过是额尔金使团中一个刚刚从事外交工作不久的"小鲜肉"。他在 1858 年 7 月才加入额尔金使团，临时接手了使团的摄影工作。从职业角度看，乔斯林只是一位业余摄影师，然而这并不妨碍他日后在东亚影像史上所留下的重要地位。他所拍下的这张湖广总督访问团的合影照片，过去我们只能从版画中窥见大略。而收藏在英国巴斯皇家文学与科学研究所（Bath Royal Literary and Scientific Institution）的原始照片，近来由布里斯托大学"中国历史影像"

1　Laurence Oliphant, *Narrative of the Earl of Elgin's Mission to China and Japan in the Year 1857,58,59*, Edinburgh and London: William Blackwood and Sons, 1859. p. 427.

The Governor-General of Hoo-kwang, with his Suite.

图 4-1　根据乔斯林为湖广总督官文等人所摄合影而刻绘的版画
（Laurence Oliphant, "*Narrative of the Earl of Elgin's Mission to China and Japan in the Year 1857,58,59*", Edinburgh and London: William Blackwood and Sons, 1859.）

项目组公布了数字影像，从而使我们得以在 160 多年后的今天，能够清晰和直观地看到这批有幸在武汉城市历史上最早被拍进照片里的清朝官员们的容貌和神情。[1] 不过，这张人物合影照片虽然在武昌江岸的军舰上拍摄，但并没有反映当时武昌古城的城市状貌，还不算真正意义上的"城市影像"。

1　Vacher-Hilditch Collection, VH01-057, University of Bristol–Historical Photographs of China. reference: L03826-026a.

图 4-2　约 1862 年的汉口英租界沿江建筑群历史影像

　　汉口是西人在武汉三镇最早留下照片的地方，1861 年汉口英租界开设后不久，便有外国摄影师拍下租界的影像。目前笔者所见武汉地区最早的城市影像，大约拍摄于 1862 年左右，拍摄地为汉口英租界沿江地区。这组照片目前所见共有三张，拍摄角度分别为在英租界江滩处向上游和下游拍摄的沿江建筑群全景，以及英租界下首一带沿江数栋建筑的近景。它们出自英国巴斯皇家文学与科学研究所收藏的瓦歇－希尔蒂奇相册（Vacher-Hilditch

Collection），该相册中照片的拍摄人，包括 William Jocelyn，Robert Sillar 和 William Vacher 等人，拍摄时间在 1850 年代后期至 1860 年代早期。虽然我们无法准确判定这三张汉口照片的具体拍摄时间，但从照片中透露的建筑信息来看，当时英租界最早的一批建筑尚在建设中，宽阔的沿江马路刚刚完成整地，尚未铺设路面，而沿江的建筑大部分已建成，但亦有一些尚在搭建脚手架，因此可以判定其拍摄时间，应在汉口英租界开始建设后不久，大约 1862 年左右。这组珍贵的历史影像，向我们真实呈现了汉口租界最早的城市面貌——宽阔整齐的马路，异域风情的殖民地式洋房，无不彰显着这一片新城区与旁边汉口传统街市的截然分野，然而细看之下，这些外立面遍布欧式拱券、柱廊的洋房，其屋顶却采用的是江南本地的传统青瓦。这种"土洋结合"的建筑风貌，是近代早期中国城市洋房建筑普遍的特征，反映了当时建筑原材料工业尚未形成，近代建筑营建过程中不得不"就地取材"的真实历史。

　　1865 年来到汉口的法国人保罗·尚皮翁（Paul Champion）也是最早拍下武汉城市影像的外国摄影师之一。尚皮翁 1838 年出生于巴黎，1860 年加入法国摄影协会，是一位著名的摄影师。他同时也身兼化学工程师的身份，于 1864 年加入了法国皇家公园协会。1865 年 3 月，尚皮翁受皇家公园协会的资助前往中国和日本，为该会采集远东地区动植物标本。尚皮翁在摄影技术方面十分专业，他在中国和日本考察期间进行了大量摄影成像材料和技术的试验，最终认为以当时的技术水平，在中国的气候和物质条件下，仍只能以工艺繁琐的湿版法成像。他还将此行中拍摄的大量照片制作成了左右立体照片，并在回国后将这些立体照片和此行所采集的各类标本一同送到了1867 年巴黎世博会参展，在会上还获得了铜奖。[1]

正是在他一生中唯一的这次远东之行里，他来到武汉拍下了数张以火棉胶湿版法成像的照片。尽管这几张照片的拍摄地都在长江北岸的汉口和汉阳，但在其中两张照片里，尚皮翁的镜头拍下了长江对岸的武昌远景。在以晴川阁为主景的一张照片里，可以看到长江对岸武昌城北半部的远景，以及武胜门外的沙湖和东面更远处起伏的山丘。而在汉口江边木船的另一张照片（图4-3）里，则可以看到武昌城临江一带的远景，以及横亘城中的蛇山。仔细观察不难发现，武昌古城最为人熟知的地标建筑黄鹤楼，没有出现在尚皮翁的照片中，蛇山黄鹄矶头本该是黄鹤楼的位置空空荡荡。这是因为在此之前的1856 年，黄鹤楼已毁于太平天国战乱，至1868 年方才重建，因此1865 年到访武汉的尚皮翁，自然没有机会看到黄鹤楼了。这张照片也是同治年间黄鹤楼重建以前，没有黄鹤楼的武昌城目前所见唯一的一张远景照片。

此时呈现在尚皮翁眼前的武汉三镇，沿江建筑中最醒目的地标是汉阳江边的晴川阁。这座始建于明代，取名自唐诗"晴川历历汉阳树"的两层阁楼，建在汉阳江边的禹功矶上，地势高峻，十分醒目。这座最早留下照片的武汉名楼，在26 年后的1891 年，又迎来了一位西洋贵客——沙俄皇太子尼古拉（即日后的末代沙皇尼古拉二世）。湖广总督张之洞曾在晴川阁设宴款待俄国太子，还写下了"日丽晴川开绮席，花明汉水迓霓旌"的诗句。而从这张照片（图4-4）

1　〔英〕贝内特著、徐婷婷译：《中国摄影史：西方摄影师 1861—1879》，北京：中国摄影出版社，2013 年，第 200—206 页。

图 4-3　尚皮翁摄 1865 年的汉口江边木船和武昌城远景

图 4-4　尚皮翁摄 1865 年的汉阳晴川阁和武昌远景

图 4-5　汤姆逊摄 1871 年的黄鹤楼北面照片（陈思收藏）

中我们也可以看出，当时武昌城北郊一带还很荒芜，除了沿江分布有少量民房以外，广阔的沙湖周边地区都还是荒无人烟的原始状况。

　　在尚皮翁之后五年，又一位专业摄影师来到了武汉，他便是英国著名旅行家约翰·汤姆逊（John Thomson）。在他的著作《中国与中国人影像》中，收录了 1871 年他在武汉拍下的三张照片。这其中的第三张照片，是汤姆逊站在武昌汉阳门附近的城墙顶上，向南拍摄的黄鹤楼，此时黄鹤楼刚刚重建数年，这是黄鹤楼历史上第一张照片，也是目前所见在武昌拍摄的关于这座古城建筑景观最早的清晰影像。此后我们所见的晚清黄鹤楼照片，多为从南面拍摄，而汤姆逊的这张照片则从北面拍摄，可见楼上悬挂的"北斗平临"匾。三层高的黄鹤楼建在高高的黄鹄矶上，显得十分雄伟。[1]1884 年黄鹤楼

1 〔英〕汤姆逊著、徐家宁译：《中国与中国人影像：约翰·汤姆逊记录的晚清帝国》，桂林：广西师范大学出版社，2012 年，第 395—397 页。

因火灾被毁，原址在清末时修建的西式风格"警钟楼"，又于 1957 年修建武汉长江大桥时被拆除了。1985 年武汉市重建的黄鹤楼，便是以此楼为蓝本设计的。

无论是尚皮翁还是汤姆逊，从他们的照片可以看出，十九世纪六七十年代的武汉三镇，仍呈现出一个古老封建帝国内陆传统市镇的面貌，日后人们熟悉的那个近代工商业发达的"东方芝加哥"尚未形成。但道路宽阔、建筑风格充满异域风情的英租界此时已初具雏形，近代文明的曙光已经亮起，预示着这座长江中游的古老城市即将迎来巨大变革。

就在汉口开埠的第二年，中国陕甘地区爆发了持续十余年的内乱。这场内乱给清朝西北地区带来了严重伤害，也引起了垂涎中国北疆已久的沙俄的注意。1874 年沙俄向中国派出了一个"科学贸易考察团"，搜集这场动乱后中国西北地区的情报，同时也广泛考察中国内地，为开拓俄国对华贸易，寻觅开埠通商的口岸而铺路。考察团共有九人，由总参谋部中校索斯诺夫斯基带领，包括地质学家、科学官员、摄影师、翻译以及三名哥萨克士兵。考察团从圣彼得堡出发，经乌兰巴托、北京、天津抵达上海，然后沿长江和汉水而上，又经丝绸之路穿过新疆，最终于 1875 年回到俄罗斯。随团摄影师鲍耶尔斯基拍摄了大约 200 张照片，其中 139 张收录在相册《俄罗斯科学贸易考察团中国之旅，1874—1875》中，原件现收藏于巴西国家图书馆。在这一相册中，共有六张照片拍摄地为武汉。其中一张为武昌城沿江景象，照片中可见黄鹤楼和蛇山上其他建筑群，以及武昌城平湖门外沿江一带的景象。耸立在江边黄鹄矶之上的黄鹤楼，看上去雄伟气派，

图 4-6 鲍耶尔斯基 1874 年所摄武昌黄鹤楼、平湖门一带江岸远景

醒目无比，如同江边的一座灯塔，是来往船只一眼即见的武昌城最醒目的地标建筑。

正如前述，这座历史上唯一留下照片的木结构黄鹤楼，在落成后不久的 1884 年即再次毁于火灾。中国古代建筑遗产之不易保存，除了战乱频繁，另一重要原因便是火患难消——即便是建在高台之上、江水之滨的黄鹤楼亦不能免。近代转型中的中国城市，如何应对消防问题？除了改变城市格局与建筑材料之外，更迫切的是应建立起近现代的城市消防体系。在黄鹤楼火灾后二十年的 1904 年，时任湖北巡抚端方在黄鹤楼原址主持修建了一座"警钟楼"。警钟楼是一座瞭望火情并通报火警的消防建筑，为西式风格，主楼高两层，其西侧建有一座内装自鸣钟的塔楼，发生火灾时，可以通过钟声通报火警。毁于火灾的黄鹤楼原址，建起近代城市消防体系下的警钟楼，可以

图 4-7   近代日人发行明信片中的武昌警钟楼（张嵩收藏）

看作是武汉城市近代化的一个体现。这座耸立在江边的醒目西式建筑，在晚清民国时期留下了众多不同角度的历史照片，也堪称是当时武昌古城的一个新的重要景观地标。不过，如此一幢纯粹西洋风格的建筑物，取代了传统中式风格的黄鹤楼，在视觉效果上无疑显得有些怪异。要将这样一座西式钟楼，和"黄鹤楼中吹玉笛，江城五月落梅花"的意境联系起来，着实有些困难。1936 年《大公报》上刊登的一篇黄鹤楼游记，可使我们窥见时人面对这一城市新景的观感："这楼大概有两层……另外有一座像钟楼那样小而四方的站在平台的前部中央，怕是甚么瞭望台吧，房屋的四周开着好多的窗，从门口望进去，只见挤满着汽水瓶和茶壶等东西，很大的人声又从楼上传下来。当同游告诉我说这是正式的黄鹤楼时，我是禁不住大大的吃惊而懊悔这一行了！这可以是有名的黄鹤楼吗——那摆在我眼前的？简直跟普通的房屋一样，而在里边，只是个恶俗而嘈杂的茶馆。"[1] 显然，这种在当时人看来也显得怪异的搭配，是中国城市和建筑近代转型过程中东西文化交汇碰撞的一个经典的缩影。

警钟楼落成后三年，其后方不远处又建起了一座中式传统风格的三层楼阁。此楼所在地，原为同治年间地方士绅为纪念平定太平天国的湖广总督官文和湖北巡抚及布政使胡林翼二人，而在黄鹤楼后修建的"官胡二公祠"。1907 年夏，《申报》曾报道称："鄂省官、绅、学、军各界中人，以张中堂去鄂在即，特集资将黄鹤楼胡文忠公祠侧之望江楼改修张公生祠，并用石刻碑，阳面刊中堂肖像，阴面纪小传及德政。现已公举武昌同知陈树屏为督工委员，于十五日动工矣。"[2] 另据《时报》报道，这一改建张之洞生祠工程，乃"就官胡二公祠之右兴建，将具美堂及其后之斗姥祠拆去，并酌购民房隙地，以建广雅堂；又将具美堂前之望江楼拆去，建设风度楼。广雅堂中供奉中堂铜像，风度楼下为广雅堂正门，题'高山仰止'四字于门楣之上"[3]。建造这一工程所需之费用，则最终决定全由鄂省学界支出，由学务公所统筹

1　盈倩:《黄鹤楼》,《大公报》1936 年 9 月 17 日，第 3 张第 12 版。

2　《集资建造张公生祠》,《申报》1907 年 8 月 29 日，第 12 版。

3　《建立鄂督风度楼续志》,《时报》1907 年 8 月 31 日，第 3 版。

负责。"风度楼"一名，取自《晋书·安平献王孚》中称赞司马孚之"风度宏邈，器宇高雅，内弘道义，外阐忠贞"句，意在颂扬张之洞。此时张氏尚未动身离汉，得知此事后，便立刻表示不妥，加以制止。他对学务公所传札称："昨阅汉口各报，见有各学堂师生及各营将佐弁兵，建造屋宇，以备安设本阁部堂石像、铜像之事，不胜惊异。本阁部堂治楚有年，并无功德及民，且因同心难得，事机多阻，往往志有余而力不逮，所能办者，不过意中十分之二三耳，抱疚之处，不可殚述。各学各营此举，徒增愧歉。尝考栾公立社，张咏画像，虽亦古人所有，但或出于乡民不约之同情，或出于本官去后之思慕，俟他年本阁部堂罢官去鄂以后，毁誉祝诅，一切听士民所为。若此时为之，则是以俗吏相待，不以君子相期，万万不可。该公所该处迅即传知遵照，将一切兴作停止。点缀名胜，眺览江山，大是佳事，何必专为区区一迂儒病翁乎？"[1] 不过此时工程已经开始，造楼基地原址的望江楼已经拆除，故这一工程仍然继续进行。只是楼落成后，已在北京的张之洞仍对其名称感到不安。在继任湖广总督陈夔龙致电商洽后，张之洞复电表示："黄鹄山上新建之楼，首题'风度'，今宜改名'奥略'，盖取晋刘宏传'恢宏奥略，镇绥南海'之意。此楼地势与全省形胜，不可以一人专之，务须改换匾额。鄙人即当书寄来鄂。"[2] 张之洞随即亲自题写了这一仍自《晋书》取材的新楼名"奥略楼"，并被制成新匾，悬挂于楼上。至于短暂存在过的"风度楼"一名，则在法国人拉里

1　《鄂督张中堂之谦逊》，《申报》1907 年 9 月 6 日，第 12 版。

2　《奥略楼》，《时事报图画杂俎》第 313 期，1908 年 10 月 24 日。

图 4-8　拉里贝所摄落成之初的风度楼

贝的一张照片中，有幸被记录下来。

　　于是，在清末民国时期，黄鹤楼原址一带，便出现了一中一西两座风格迥然不同的楼阁。警钟楼最接近黄鹤楼原址，本最有资格继承黄鹤楼之名分，但其建筑风格太过西化，与黄鹤楼的传统文化意境格格不入，因此也有一些人将附近的奥略楼当作黄鹤楼聊以寄托。作为清末民国时期黄鹄山上最醒目的地标建筑之一，奥略楼也时常出现在当时来汉拍摄的外国摄影师的镜头中。唐宋以来中国古代城市中装点江山的名楼胜迹，往往是"迁客骚人，多会于此"。这两座建于晚清的楼阁，倒是都继承了黄鹤楼的这类传统功能：聚餐闲聊、饮酒品茶、观戏听曲、看相算卦……诸如此类兴盛的"第三产业"，并没有因黄鹤楼的倒掉而衰落，反而伴随着近代武昌城市的发展，不断拓展出新的业务，比如随着照相技术的普及，黄鹤楼故址周边开起了不少照相馆，其中武昌近代最有名的"显真楼照相馆"，便设在奥略楼前的蛇山脚下。至于茶馆、算卦之类，更是数量繁多。时人描述道："（黄鹤）楼后，好几所中西杂交式的破屋，全是照相馆、碎帖铺、拆字店、茶楼之类东西，穿武装的人这里更多，解开纽扣，藤榻上横着抽香烟，一手摸牢茶壶。那地方真不伦不类，吕祖殿旁边会立个革命先烈黄兴的铜像，右首却立着一块"大不同命相"的招牌。"[1]

清末黄鹤楼被毁后，楼顶铜质宝顶成为火劫中唯一幸免的古楼旧物。1923年造访武汉的意大利旅行家洛卡特利（Antonio Locatelli）曾拍下一张古铜顶的照片（图4-10），仔细观察比对照片中的建筑细节，可知其后的楼阁即为奥略楼。由此照片可知，在民国初年这一古铜顶曾放置在奥略楼南侧的院子中，当时宝顶已不完整。国民政府时期，该古铜顶又曾被东移至更高处的蛇山顶上。1984年，经过修复后的古铜顶被陈列在新建成的黄鹤楼以东

---

1   望储：《黄鹤楼什景》，《力报》1937年12月13日。

图 4-9 金丸健二摄民国初年武昌奥略楼,左侧即为显真楼照相馆

山坡上。这张照片中还可以看到,在古铜顶后方的墙壁上,镶嵌着一块巨大的石碑,上书一"鹅"字。这块鹅字碑曾经被误传为王羲之手迹,经武汉碑刻传拓专家严涛辨识研究,其上有"辽海门镇国澹人氏自识"落款和"门镇国印"钤章,其书写者实为清代康熙年间松滋县令门镇国。由 1923 年的这张老照片可知,这块鹅字碑在民国时期也曾是奥略楼旧物,被镶嵌于该楼

图 4-10　洛卡特利（Antonio Locatelli）1923 年拍摄的武昌奥略楼下的黄鹤楼古铜顶及鹅字碑

的南侧外墙上。目前，该碑也被立于黄鹤楼公园内的古碑廊中，是园内现存体量最大、年代最早的一方碑刻。

　　武昌城内东北部的昙华林地区，在晚清时代开始成为外国教会的一处重要活动阵地。来自天主教和欧美各国基督教的不同差会，均陆续到这一带购地建房，设立教堂、医院、学校等，使得十九世纪末的昙华林，已然成为古老的武昌城内一片洋溢着异域风情的别样街区。在这其中，美国基督教圣公会在这一带着力最深，他们不仅在此建立了该会在武汉地区的第一座教堂，且设立了文华书院，该校日后发展为武汉地区近代规模最大、层次最高的的教会学校，更作为母体孕育出了武昌地区其他多所教会学校和医院。在这一过程中，圣公会也陆续有一些传教士，用摄影镜头拍摄下晚清武昌昙华林的历史影像，牧师爱德华·阿伯特（Edward Abbott）便是其中的一位代表性人物。阿伯特 1841 年出生于美国马里兰州，1860 年毕业于纽约大学，1863 年曾加入南北战争中北方联邦军的波多马克军团。同年，他开始为教会服务，被任命为美国基督教公理会的牧师。1879 年，他又被任命为美国圣公会的牧师。大约在 1890 年代至 1910 年代间，他在武昌拍下了文华书院及昙华林地区的众多照片，包括教堂、教学楼、医院等建筑的内外景，文华书院师生和圣公会传教士的各类活动照片，以及昙华林地区的一些全景照片等。借由这些珍贵的历史影像，我们可以全方位立体地窥见十九至二十世纪之交武昌昙华林地区的真实历史状貌。那些与传统清代中国民居建筑混杂在一起的西洋建筑，以及在其间往来的梳着长辫的中国人与身着洋装的西洋人，都在向我们昭示着一座中国内陆古城在十九世纪末的近代已然开始发生的巨变。

　　辛亥革命的爆发，使得武昌一时间成为吸引世界关注的焦点城市，这一时期也有许多外国人携带摄影器材，在战火纷飞中拍摄下这座城市的珍贵影像，其中也包含着许多重要的城市历史信息。武昌首义成功后，革命党人在清廷湖北谘议局宣告成立了"中华民国湖北军政府"，使得武昌城内这座刚刚落成不久的新议会大楼，一时成为局势瞩目的焦点建筑。湖北谘议局大楼是清末武昌城内新建的规模最宏伟的一组新建筑，为清末"预备立宪"

图 4-11　阿伯特摄清末文华书院校园远景（Yale Divinity School）

图 4-12　阿伯特摄 1898 年的文华书院神学院（Yale Divinity School）

的产物。谘议局建在阅马厂北部警察学堂旧址，由日本建筑师福井房一设计，因通体采用红砖清水外墙，故而又被武汉市民俗称为"红楼"。整个建筑由主楼和翼楼构成，主楼前为门厅和塔楼，后为议场，翼楼位于主楼东西两侧，上下两层均为办公室，并有内外走廊相连通。此外，谘议局建筑群还包括门房、东西附楼、议员公所等建筑。[1] 整个建筑群布局和谐，比例严谨，外观华美典雅，建筑工艺精湛，在清末的武昌城中显得十分独特而显眼，是武昌古城走向近代化的标志性建筑符号之一。而中华民国湖北军政府在此诞生，更为这座近代议会建筑增添了光荣的色彩。在武昌首义后不久，当时年仅 24 岁，日后成为著名外交官的英国人史丹利·怀亚特 – 史密斯（Stanley Wyatt-Smith）有幸成为这场惊世之变的见证人。他在武昌拍下了一张当时被革命党人占领并挂上十八星旗的谘议局大楼的正面照片，从中可以清晰地看见这幢欧式议会大楼的诸多建筑细节。由于此后不久，这幢建筑即在阳夏战争中遭到严重破坏，日后的重建也没有恢复原貌，因而这张照片中包含的建筑信息便极具史料价值。

阳夏战争虽然主要发生在长江北岸，但清军的炮火给武昌城带来的破坏，从谘议局大楼的变化中可以得到清晰呈现。当时，英国循道会传教士约翰·斯坦菲尔德（John Howard Stanfield）曾拍摄下一张湖北谘议局大楼的珍贵照片，从中我们可以清楚地看到，谘议局大楼在辛亥革命的战火中受损严

1　建筑文化考察组等编著：《辛亥革命纪念建筑》，天津：天津大学出版社，2011 年，第 43—48 页。

图 4-13   辛亥革命武昌起义爆发后不久的湖北谘议局大楼

（Stanley Wyatt-Smith Collection, WS01-010, University of Bristol – Historical Photographs of China.）

图 4-14   武昌起义中被毁的湖北谘议局大楼

（Stanfield Family Collection, JS02-125, University of Bristol– Historical Photographs of China.）

重，不仅中央塔楼完全被毁，全楼屋顶皆被焚毁，大楼的东翼也倒塌大半。这一照片中所呈现的谘议局建筑受损情况，较过去常见照片中大楼仅中央塔楼受损的状态更为严重，足见在阳夏战争中，这座落成不久的议会大厦曾多次被炮火殃及，损坏程度很大。在这张照片的近处，我们还可以看到从阅马厂东南角经过的武昌铜币局运矿铁道。

告别城垣：近代武昌拆城始末

城墙虽然是冷兵器时代的产物，但在近代早期的城市战争中，坚固的城垣依然可以发挥不可忽视的防御作用，这一点在近代武汉的多次战争进程中都可以充分看出。事实上，就在汉口开埠通商的前一年，即1860年，武昌城墙还曾回光返照式地迎来了一次扩建：其外围曾增筑了一道新的城垣。该城垣位于今鲁巷以西一带，呈东北—西南走向，东北起东湖南岸，西南抵南湖北岸，由北往南依次设有东便门、东湖门、南湖门、南便门四座城门，城外还掘有护城壕，连通东湖、南湖。这一工程由时任湖北提刑按察使唐训方主持，于咸丰十年（1860年）四月建造。唐氏在其《从征图记》中详述了筑造此城的原委经过，还配有图画一张，加以说明。他写道：

> 鄂城三面阻水，惟东有洪山，高可瞰城虚实。又数里为卓刀泉，又数里为鲁家巷（距城三十里），地渐平，东南界以湖，与江接。据此断陆路，则得地要害，城阻固易守。余昔攻踞城贼，阻石逆达开来援，曾设卡是间败之。以是尤审攻守战胜之要，谓所营地可固为垣也。十年四月，秉湖北桌事，窃念四郊多垒，不备不虞，非职也。完要塞，塞蹊径，官司及时之令也。因请于大府，筑垣鲁家巷，亘东南六里许，

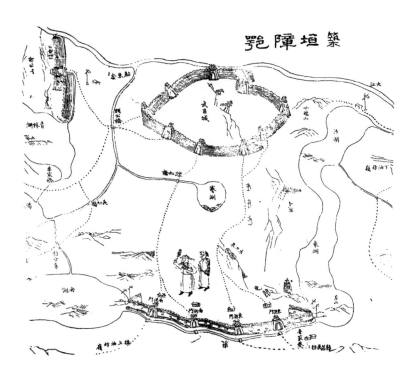

图 4-15　唐训方《筑垣障鄂图》所描绘的晚清武昌东郊新筑城垣

截然为鄂城障，外浚濠达湖，内建碉备瞭远。越明年五月，贼由江右
复犯楚，武昌府属以次陷，鄂城如累卵。幸夏涨水师集，贼无由渡，
而鲁家巷守兵，恃长垣为之镇，贼穷思遁，我军乘其后平之。夫设险
守国，承平犹慎，况寇盗充斥耶？增筑要隘，初未为深算奇策，而效
已旋见。吾固愿善谋国者，以近忧鏖远虑，无使余谓识得知几名也！ [1]

1　〔清〕唐训方：《从征图记》，《唐中丞遗集》，1891 年归吾庐刻本。

　　显然，此城之筑造，是为了因应太平军对武昌的巨大军事威胁而进行的：在此之前，这座长江中游沿岸最重要的城市，在 1853 年后的短短三年间已三次陷落于太平军之手。在惨烈的武昌攻防战中，清廷湖北要员认识到欲固守武昌，必须在城郊延展防御纵深，扼守外围战略要地。唐训方所主持修筑的这一道新城垣，以东湖、南湖为城外天然巨壕，筑城垣扼守两湖之间的地峡要隘，并将东郊近城要地洪山圈入垣内，从而将武昌的城防体系大大向外推展。事实证明，这一新筑城垣的确发挥了巨大作用，在此后的 1861 年，太平军李秀成、陈玉成部西征，便未能再攻陷武昌。这一晚清新筑的武昌外垣，直至民国时期依然存在，1924 年扬铎在《游沙湖记》一文中，曾提到此东湖门"为古武昌城之一角"，但时人似已不知其源来自了。[1]

　　清末张之洞在汉大举兴办洋务，推行"湖北新政"时期，武昌城开启了近代化的历程，城市面貌开始发生诸多变化。但即使到此时，古老的武昌城墙依旧岿然不动。在整个晚清时期，这座长度仅十公里的城垣，除了在中和门与宾阳门之间的城墙东南段增开了一座"通湘门"以外，便再无其他变化了。在长江北岸的商业都会汉口，张之洞非常坚决地推动了拆除城垣的行动，将同治年间才修筑的汉口城垣拆除，辟为"后城马路"，从而拓展了汉口的城市空间，推动了城市的繁荣发展。但是在长江南岸的武昌，作为湖广两省的政治中心，更因此前饱受咸同兵火的蹂躏，张之洞对于改动其城墙的态度显然极为谨慎。对于粤汉铁路的修建，他也只是增开了一座门洞以方便乘车，并未打算将铁路修入城内，更没有拆除城垣的计划。

1　扬铎：《游沙湖记》，《沙湖志》，1926 年刻本。

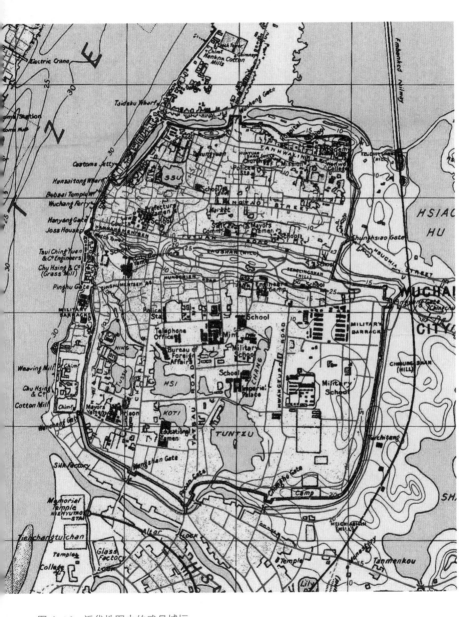

图 4-16　近代地图中的武昌城垣

擴充武昌城之計畫

鄂省爲革命起義之區民國發群之地將
來粤川漢鐵路交通實有控制全國之勢
故民國政府成立後羣議俟財政充裕卽
襄燕京移都武昌建鐵橋以通陽夏倂三
鎮以爲一城足稱東亞唯一之新國都此
時雖屬理想閱數年必見實行惟武昌城
垣狹隘改爲國都須有府部公署議會公
園種種大建築似非擴充城垣預爲計畫
不可頃已由黎副總統與各參議司長等
商定以鄂城西北兩面濱江臨河不能開
擴擬將通湘保安賓陽三城門墻垣拆毁
由南湖武泰街接修新垣將南湖火藥庫
馬砲營房並東湖門要塞砲台一併包圍
於內南起洪山東抵武泰閘寬約十餘
里較舊城址幾加倍矣聞已飭測量局委
員生測勘繪圖趕急印成以便于起義周
年紀念會開會時分送各省代表會考而
爲改建新都之預備

图 4-17　1912 年 9 月 21 日《新闻报》报道的武昌城垣扩建计划

事实上直到民国初年，湖北执政当局甚至还有过增修扩建武昌城垣的想法。辛亥鼎革，民国成立后，武昌作为首义之城一时享有巨大的政治荣光，湖北地方人士当时对建设武昌都雄心勃勃，期待这座光荣的城市能够大有建设，以纪念辛亥首义。民国元年（1912 年）冬，上海报刊曾有报道称："黎副总统以鄂省为民国发祥之地，改建新都，群谓宜于武昌。惟城垣狭隘，不敷布置，爰拟预先扩充，以为准备。前曾派测绘人员，将保安、宾阳两门外地点测勘绘图呈核，欲修新城，作新月形，将南湖、洪山俱包围在内，以与保安等门城垣衔接……闻此图已经陆军工程局测绘完竣，呈由黎公送民政长阅看，闻不日即咨交省议会核议，以凭通过执行。"[1] 可见，当时湖北地方各

1 《鄂省绘定扩张城垣图》，《大同报》第 442 期，1912 年 12 月。

界非常希望新成立的中华民国，能够建都首义之地的武昌，为此他们为这座古城规划了宏伟的扩建方案。从上述报道中的描述看，这一城垣扩建计划，即是打算利用晚清唐训方所筑之外垣，加以修缮扩建，将东郊洪山一带和东南郊的南湖一带都圈入新城垣中。这一规划构想固然十分宏伟，不过，在已是民国初年的时空之中，城垣作为冷兵器时代的防御建筑，已日益成为城市发展建设的障碍，此时的武昌还要再扩建城垣，似乎显得有些不合时宜了。因此，这一构想最终只停留在纸上，未见下文了。

　　民国以后，南方许多城市都开始了拆除城垣的行动，上海、广州等城早在民国初年便已实行拆城，并在城墙拆除后修建道路，改善交通，使市容市貌和商业交通状况有了很大改善。有鉴于此，武昌本地部分人士也有了效仿前例，拆除武昌城墙的想法。在1919年4月召开的湖北省议会当年度常会上，由议员陈士英领衔，共62名议员联名向大会提出议案，要求尽速拆除武昌城墙，并开山填湖，开辟新的街区商埠，以促进武昌城市发展，并用经营新出地皮所得资金充实湖北官钱局的票本。该议案列举了不拆城的五大害，以及拆城办法八条如下：

　　　　由官钱局垫洋三百万元，分五年支用，以六十万元撤城修路，六十万元开山填湖，八十万元修筑炮台，四十万元移造营房，五十万元修公园、舞台等项，其余十万元分作工程处五年支用。

　　　　由绅商合组工程处，除请省议会另订官督商办详细章程，咨请省长公署公布施用。

工程处自章程议决之日开工，限定五年竣工，如期满不能竣工，得陈请省议会延长期限、增加费用。

黄鹤楼遗址尚存，游人日盛，自石塔至睡仙亭一带应留城垣数十丈，永远不撤，保存古迹。

炮台修成后，移南湖炮队分驻各炮台，移步队于南湖及东湖门等处，商场秩序，完全归警察维持。

各步队移驻后，凡旧有营房，略加修改，便可作为工厂，并拟撤东湖门废城，改修营房，此亦化无用为有用之一法也。

撤城填湖以后，再将旧藩署撤毁，由南楼修筑马路，直达江边，则武昌交通更为便利，商业必日见振兴（拟迁省公署于两湖书院）。

工程处期满撤销以后，所有此次开出之地皮，仍归省议会照章处分，其收入各款，永作官钱局票本，他事不得挪用。凡商场、公地，只准出租，不准典卖，免生弊端。[1]

1919 年的这份拆城议案，事实上是一份对武昌旧城进行多层次改造的综合方案，包括拆城、筑路、填湖、开山、迁移官署军营等众多方面。从具体内容上看，提案人对于武昌古城当时的发展状况，以及制约城市发展的瓶颈有较为深入的认识，意识到了城内路网布局不合理，道路不通畅，官衙军营占据过多土地，山丘湖塘和城墙的存在也进一步制约了城市发展等问题，因而针对性地提出了解决方案。尤为可贵的是，这一方案还特别

---

1 《省议会九日大会旁听记（续）》，《汉口中西报》1919 年 4 月 11 日，第三张。

提出要保留黄鹤楼遗址附近的一段城墙，以"保存古迹"，这种文化遗产保护的思想在当时是较为先进的。方案中提到的迁移湖北省政府，打通南楼以北至城外的直路等规划构想，后来在国民政府时期也得以实现。当然，这一方案的现实层面出发点，主要是为了解决当时湖北官钱局的票本问题，因而提案人试图通过拆城、填湖、开山的方式，腾出城内大量新地皮，以获取盈利。从另外的角度看，这样"开膛破肚"式的城市改造，不仅在当时事实上无力实施，且对城市山水地貌将会造成很大破坏，本身也是不可取的。果不其然，这样一个规模宏大的武昌古城改造方案，最终仍是纸上谈兵，不了了之了。

1923 年，拆城一事又被提出。当年 5 月，一份分段拆除武昌城墙的计划出炉："首先拆卸自望山门起，沿江至武胜门以西止城垣，距江最近者概行拆卸，辟为宽平街道；次则将距江较远者，仅拆城墙，不卸城垣，如自保安门起至武胜门以东止是也；再次则或只拆城门，不拆城墙者。"[1] 这份计划将武昌城墙分为三段，临江部分计划完全拆除，辟为道路；东面依山而筑者则仅剥除城砖，保留夯土；南面则只拆除城门拓宽道路，保留城墙。这项拆城计划所拟的具体实行方案，"系招商投票，由殷实商人承办，预缴押款若干，再行动工拆卸。已估定全城之大砖，约值银一百四五万两，除商人酌给手续料外，余款均交财政厅存管。是诚地方款项一大宗收入，不知作何用途也"[2]。

---

1 《武昌拆城之急进观》,《道路月刊》第 6 卷第 1 号，1923 年 6 月。

2 《各省市政汇志》,《道路月刊》第 6 卷第 2 号，1923 年 7 月

图 4-18　民国前期拆城以前的武昌汉阳门外江边景象，可见江岸道路狭
窄逼仄，人车拥挤，交通颇为不畅。

(《亚细亚大观·长江風物号（其の一）》，大连：亚细亚写真大观社，1926 年)

这项看上去对商人和地方政府皆是美事一桩的拆城工程，此后却还是一直拖延停滞。至 1925 年秋，湖北督办公署和省长公署又曾联名对建设厅、财政厅、江汉道尹和警务处下达训令，称"省垣拆城一事，前已委任该厅、道等三方会同筹办，良以处交通之世，以尽去阻碍，取便商民为主。况省垣拆城，远如杭州，近如长沙，实行已久，极称便利。武汉为交通巨埠，以一城之隔，阻碍极多，早经提议拆城筑路，推广商场。又以兹事体大，非在省现任大员会同，细心筹划，无以襄此创举，推行尽利"。然而此事"现蹉多日，尚未据该厅、道等拟具办法呈复"，故而省府再次训令其就拆城一事"赶速会同商议，妥拟详细办法，绘图贴说，呈候查核施行"。[1] 民初武昌拆城一事之所以如此延宕停滞，主要原因乃是军阀混战。如 1924 年，控制湖北的直系军阀吴佩孚，与北方的奉系军阀张作霖之间爆发了第二次直奉战争，双方为争夺北京政府的控制权而大打出手。1925 年，以孙传芳为首的直系联军又与奉军爆发了第三次直奉战争。北洋军阀在为了争权夺利而进行厮杀之际，自然是无心也无力关注武昌的城市建设的。不过，他们之间所进行的这几场战争，也互相削弱了彼此的实力，这为在南方崛起的国民党创造了有利条件。1926 年，广州国民政府正式开始北伐，随后一路势如破竹，吴佩孚在两湖的统治很快便土崩瓦解，北洋军阀时代的几次武昌拆城计划，也就最终宣告流产了。

1926 年 8 月，北伐军经过汀泗桥、贺胜桥等战役，一路打败吴佩孚军，向武汉挺近。吴军兵败贺胜桥后，便退入武昌城中，以刘玉春为总司令，据城困守。从 8 月 31 日开始至 10 月 10 日，武昌围城长达 41 天，其间北伐军

---

1 《湖北省督办公署、省长公署训令》，《湖北实业月刊》第 2 卷第 17 号，1925 年。

先后发动了三次攻城，均以失败告终，而困守城中的刘玉春军亦曾多次试图突围，皆被北伐军打回城中。为了迫使刘军尽快投降，北伐军对武昌城进行了密不透风的封锁围城，切断了一切通往城内的水陆交通和通讯。在这场围城战的中后期，城内已无食物可觅，市民和守军皆忍受饥饿的煎熬，苦不堪言，城内更不时发生抢劫。在围城的最后几天里，刘玉春曾答应每天打开文昌门两小时，以供难民出城逃难，或外出购买食物。每当此时，出城者争先恐后，拥挤踩踏，死伤甚众。尽管如此，大多数市民仍然不得出城机会，城内一派哀鸿遍野的惨状。在困守无望的情况下，刘军逐渐放弃抵抗。10 月10 日，北伐军终于攻入城内，抓获了刘玉春，武昌城在辛亥首义 15 周年这日，最终为国民革命军所攻克。

残酷的武昌围城战，是自辛亥革命以来，武昌城所经历的最痛苦的一个多月。吴佩孚军之所以能够在武昌困兽犹斗，据守四十余天，正是有赖于完整坚固的武昌城墙。对此，城内的政商要人及一般市民，均对城墙百般痛恨，极力请求拆除城墙，以避免今后类似的围城灾难再次发生。当时的一篇《武昌实行拆城》的新闻，对此有详细报道：

> 国民革命军占领武昌已旬日，城内秩序渐次恢复，露尸棺柩掩埋殆尽，各重要机关，亦已先后移驻武昌办公，气象已为之一新。惟城内商店，被劫一空，除小食物店外，尚难即日开门。而一般人民，鉴于围城所受之痛苦，犹虑城内仍非乐土，相率搬徙出城，并有多人为拆城之运动，且发布"不拆城即不开市、不开学、不开工"之宣言。当局虽屡有表示容纳人民请求，允许拆城，公安局又出布告，禁止人

图4-19　1926年激战后一片瓦砾的保安门外十字街
（《图画时报》第325期，1926年10月31日）

图4-20　1926年武昌围城时被封堵的通湘门门洞
（《图画时报》第325期，1926年10月31日）

民搬家，但人民痛定思痛，搬家迄不稍息。日前临时政治会议议决，非先实行拆城，无以安定人心。遂函知政务委员会，速与各团体代表协商，定期动工。政务委员会以此事体重大，需费浩繁，并非短期所能竣事，遂于十月十八日，由政务委员兼总政治部建设科长詹大悲，召集各团代表，在商大开会，讨论拆城问题。当决定先拆平湖门至汉阳门滨江一段，以示政府拆城决心，再分段估计，限于三月内一律拆完。十九日即由政府委员会委万武定为武昌拆城委员，并出示布告。其文如下：

　"为布告事：照得城垣为封建时代之产物，在今日本已不应存留。此次陈、刘二逆，负固孤城，历时四旬，居民备受焚掠饥渴之苦，驯至市廛墟墓，横尸盈千。推原祸始，固由军阀罔恤民命，亦由有武昌城为之工具，以造成亘古未闻之惨劫。我国民政府，于广东，于湖南，均早实行拆城，于湖北自不独异。我国民革命军之来湖北，本为解除民众痛苦而来。武昌人民痛定思痛，既认武昌城为痛苦之阶，政府当然立行拆毁，以慰民望。本会谨遵湖北临时政治会议之议决，拆毁武昌城，业经委定专员，即行办理。一面现将汉阳门至平湖门一段拆毁，一面测量各部，分期分段，拆毁全城。期以最短时间，除此障碍。本会暂领湖北政权，愿与人民更始，涤荡军阀之瑕秽，扫除封建时代之一切产物，以谋建设适合三民主义的政治。即以武昌城为息壤，特此布告，咸使闻知。中华民国十五年十月十九日，主任邓演达，委员李汉俊、何成濬、刘文岛、潘康时、詹大悲、邓希禹、张国思、王乐平、陈公博、刘佐龙、夏斗寅、蒋作宾、胡宗铎。"

　及二十日正午，由各机关团体代表，齐聚汉阳门城边行破土礼。当时围观者极众，欢声震天。同时武昌总商会发出通告，请各商店即日开市，大约已无问题。至城内电灯电话，亦已恢复，交通尚较往日为繁，夜间城门并未关闭云。[1]

---

1 《武昌实行拆城》，《道路月刊》第 19 卷第 1 号，1926 年 11 月。

图 4-21　1927 年正在拆除中的武昌汉阳门及附近城墙

（《晨报星期画报》第 78 号，1927 年 4 月 3 日）

　　由此，在城内居民的强烈要求下，在北伐军占领武昌城后的第十天，从江边汉阳门开始，五百多年历史的武昌明清古城墙，开始了拆除工程。按照当局的计划，首先拆除的是平湖门以北的沿江段城墙，这段城墙紧邻江岸，江边城外道路狭窄，交通极为拥挤，而仅有的汉阳门、平湖门等城门，往来人流更是拥塞不堪，因此，拆除这段城墙，是当时人们认为改善城市交通所最迫切需要的。由于武昌城墙规模宏大、建筑坚固，拆除工程显非易事。尽管当时拆城者宣称"限于三月内一律拆完"，但从日后的实际情况来看，拆

图 4-22 城墙拆除后的武昌汉阳门一带临江大道景象
（张嵩供图）

城工程持续了数年，仍未全部完成。如城东南的中和门、通湘门一带城墙，至 1928 年时方才拆除，而至 1931 年时，仍有报道称"武昌城墙，早已拆除大半，尚未拆完之城基砖石，非惟阻碍交通，且时淤塞水道，急宜继续拆尽，以便修筑环城马路。刻正积极进行招标，分部拆卸"[1]。直至 1930 年代中期，除了中和门城台等极少数遗存之外，武昌城墙已全部拆除完毕，这座始建于明代洪武年间的古城墙，从此便不复存在了。

武昌城墙的拆除，在当时特殊的时代背景下，是难以避免的必然结局。

1 《鄂建设厅发展全省市政》，《道路月刊》第 33 卷第 3 号，1931 年 5 月。

图 4-23　武昌起义门今貌（摄于 2018 年 9 月）

在那时世人的认知中，城墙"为封建时代之产物，在今日本已不应存留"，拆城不仅是为了便利交通，促进城市发展，更有着与封建时代决裂的革命意涵。当时的人们将军阀混战所带来的痛苦，悉数迁怒于古城墙上，而尚未意识到城墙作为一种历史文化遗产，具有重要的历史和文物价值。甚至连起义门（中和门）这一对中华民国而言具有特殊历史意义的城门，当时也没有第一时间明确提出因予以保护，以致中和门瓮城和城楼亦在1928年被拆除了。拆城过程中，大量城砖被用于新建其他建筑，在今天武昌旧城拆迁区域拆除老屋时，仍时常能发现明清武昌城墙砖的身影。

作为长江中游规模最大的一座明代古城，武昌城垣在民国时期被完全拆除，今天看来不能不说是一个巨大的遗憾。事实上，就在武昌开始拆城后不久，南京国民政府在1927年发布的《首都计划》中，对于南京明城墙及护城河已有了明确的保护和利用的思想，体现出国民党从一个激进革命政党向文化保守主义和民族主义执政党的转变过程。由于这种转变，南京明城墙的大部分得以保留下来，今天已被列为全国重点文物保护单位，并列入中国世界文化遗产预备名单。而已经消失的武昌古城墙，今天的我们则只能通过起义门城楼和其东侧近年复建的一段新城墙，来大略感受它曾经的身姿了。

蛇山变迁：近代城市的主题公园

　　蛇山在武昌城中，虽然是阻隔南北交通的天然屏障，但作为武昌城市之根，其本身早已与这座古城的历史融为一体，集中了黄鹤楼、奥略楼、乃园、陈友谅墓、南楼、抱冰堂、龙华寺、武昌城墙等一系列名胜古迹，其本身便是武昌城内最重要的一大风景区和游憩地。因此，在民国时期，地方有识之士便有在蛇山建设市民公园的想法。1922年，吴兆麟、屈德泽、覃师范、夏道南等人鉴于武昌为首义之区，"律以饮水思源之义，则重民国者必思所以重武昌"，于是发起成立筹备会，"提议倡办纪念大学、公园（附纪念碑、张文襄公铜像）、功裔教养所（附幼稚园）、伤军养济院（附工厂）以及其他足为首义之纪念者"[1]。1923年，这一首义公园开始建设。公园选址蛇山西段，西起臬水巷，东至外国语学校（原武昌府文庙旧址），北至蛇山山脊，南面毗邻省财政厅，在财政厅和外国语学校之间的狭长地带设置上山之路，并在玉带街（今大成路）设大门。

　　首义公园选址这一地段，在当时看来是较为理想的。民国湖北省财政厅所在地，原为清代湖北提刑按察使司衙门，即所谓"臬司"衙门。该官衙依

---

1 《武昌吴兆麟等为在武昌倡办纪念大学、公园等事函（十二月二十三日）》,《众议院公报》第三期常
　　会第9号，1922年12月。

山而建，其西侧顺着山坡建有一座园林，名为"乃园"，是臬司衙门的后花园。乃园面积数十亩，西邻臬水巷，东街臬司衙门，北边直抵蛇山山顶，平面略呈一南北狭长的矩形。该园面积虽然不大，但布局精巧，山下挖有一处岸线曲折的湖塘，主要园林建筑则位于湖塘北侧。园内原建有四宗祠、学律馆、七曲廊、见江亭、鹤梅堂、高观台、西升台、跻绿亭、暂亭、竹深荷静台、般若台等建筑，园内花木扶疏、小桥流水，环境宜人。[1] 遗憾的是，这座武昌城内的园林，已湮没在城市建设的历史进程之中，如今已难觅其踪了。

民初择定乃园改建首义公园，其中原因之一，是该园中有一处名人墓葬——陈友谅墓。陈友谅是元末活跃在长江中游的农民军领袖，其曾以武昌为中心建立"大汉"政权并称帝。陈友谅兵败身死后，其子陈理将其遗体运回武昌埋葬。相传朱元璋攻克武昌后，曾到墓前祭拜。该墓位于乃园北部的蛇山山脊下，在清代方志中有简略记载，清人称该墓为"疑冢"。辛亥鼎革后，陈友谅这一在元末"兴汉排胡"的湖北籍农民领袖，与辛亥革命"驱除鞑虏，恢复中华"的口号产生了某种共振。早在民国元年，湖北地方当局就对此墓进行了特别修缮。当时曾有报道称："元末陈友谅墓，在湖北内务司署（即前臬署）后园，年久倾圮……兹内务司长夏寿康，以陈友谅驱逐鞑虏，有功汉族，四年之间，克成帝业，虽天不受命，旋败于朱明，要亦湖北历史上之光彩。特呈请副总统拨款修葺其墓，当奉批准。"[2] 在时人看来，以其地辟建"首义公园"是颇为合适的。因此，过去数百年间默默无闻的陈墓，

1　《武汉市志·城市建设志》，第 599 页。

2　《副总统允修陈友谅墓》，《新闻报》1912 年 7 月 26 日，第 2 张第 1 版。

图 4-24　民国时期首义公园大门（张嵩供图）

图 4-25　民国时期的武昌乃园影像（《社会之花》第 2 卷第 12 期，1925 年 4 月）

图 4-26 《国闻周报》所载
1925 年的武昌蛇山陈友谅墓
影像

在民初兴建首义公园的背景下，得到了前所未有的重视。在北洋政府时期，
首义公园的主要建设，除了在山下建成西式风格的"辛亥革命武昌首义纪念
坊"一座以外，主要便是重新修缮了山上的陈友谅墓。

进入国民政府时代，首义公园的规划建设迎来了新的发展。按照新的规
划方案，西起黄鹤楼旧址，东至抱冰堂的蛇山大部分，都被划为首义公园范围，
这一面积较之北洋时代有了大大的扩充。按照新的规划，蛇山将"由抱冰堂
起至黄鹤楼止，划段分期修理，建筑纪念亭、烈士祠、图书馆、演讲室及各
种娱乐场所，并广栽树木，培植花果，开辟道路，掘修水池，将圣庙及蛇山
林场概行圈入，山麓建设竹篱，连成一贯，扩充为'蛇山公园'，以为民众游

图 4-27　民国时期的蛇山抱冰堂侧景，远处的烟囱是武昌电灯公司城内老电厂（《亚东印画辑》第 172 期，大连：亚东印画协会，1938 年 11 月）

览之所"[1]。当年"双十"纪念日，一座"总理孙中山先生纪念碑"在首义公园内落成，标志着国民政府时期蛇山作为城市公园开发建设，迈出了新的步伐。

　　随后，在统一的规划下，蛇山上的一些名胜古迹陆续得到了修缮，如抱冰堂、陈友谅墓等。1934 年时，何成濬、何键、夏斗寅等湘鄂政要及蒋介石等人，又共同出资在蛇山上竖立了一座黄兴铜像。[2] 这座铜像与同时期

1 《湖北省民政厅厅长严重、建设厅厅长石瑛会呈省政府遵令会同核议整理首义公园办法由（八月一日）》，《湖北建设月刊》第 1 卷第 4 号，1928 年 9 月。

2 李书城：《黄公克强逝世十八周年纪念暨铜像揭幕典礼李委员书城报告》，《湖北省政府公报》第 56 期，1934 年 10 月。

武昌、汉口所立的两尊孙中山铜像一样，皆出自上海著名雕塑家江小鹣之手。[1]
此像于1950年代长江大桥修筑后几经迁移，今已移往汉阳龟山公园内。

1930年代蛇山上最突出的两大景观建设，是新张公祠和蛇山桥的修建。
清末张之洞逝世后，湖北地方人士曾在奥略楼前设张公祠以资纪念，但此
后"栋宇就荒，日益颓圮，迨非根本另建，不足以垂久远也"。至1935年，
湖北政要何成濬、张群、徐源泉等人决定发起募捐，在奥略楼旁另建新的
张公祠，"借以表扬先贤，振拔末俗"。[2]这座新的张公祠选址于奥略楼后的
仙枣亭处，"经筹委会将祠址图样审定，采新宫殿式铁筋混凝土建筑。已定
二十四年十二月十日在绥署开标，年内即可开工……祠前空地，辟为花园，
祠上下两层，地下尚有一层，形势颇雄伟"[3]。这座1935年开工建造的钢筋混
凝土结构建筑，采用当时国内公共建筑中所时兴的"中国固有之形式"风格，
为一座复古宫殿式建筑，屋顶采用绿色琉璃瓦歇山顶，坐东朝西，面向大江，
正立面有三开间外廊，柱间额枋彩绘亦色彩艳丽，古香古色。这座建筑的具
体设计师未见文献记载，但从建筑风格上看，与同年在蛇山脚下所建的湖北
省立图书馆大楼颇为相似。

这一时期蛇山上的另一项重要建设工程，是蛇山桥的修建。这一工程，
既是蛇山公园建设的一部分，也是修筑中正路的配套工程。在为修筑中正路

---

1 《先烈黄克强像翻铸工作已完竣》，《新闻报》1934年1月22日，第3张第10版。

2 《何成濬等发起募捐重建张文襄公祠——吊灰心霜鬘于生前，补明月清风于劫后》，《益世报》1935年
   4月20日，第1张第3版。

3 《武汉各界拟重建南皮张文襄公祠》，《中国博物馆协会会报》第1卷第3期，1936年1月。

图 4-28　1930 年代新建的蛇山张公祠（约摄于 1950 年代，作者收藏）

而拆除南楼，斩断蛇山山腰后，为了使山脊连贯，以便蛇山公园连为一体，当局认为有必要在原南楼旧址修筑跨越中正路上方的蛇山桥。该桥于 1936 年完工，为单拱钢筋水泥结构，桥上饰以中国传统建筑风格的栏杆和灯柱，整体风格雄伟气派而又不失建筑美感，是 30 年代司门口一带醒目的地标。

而在蛇山南麓，国民政府时期除了修缮了抱冰堂以外，又在其西面建造了新的湖北省立图书馆大楼。湖北省图书馆早在清末光绪年间即已创办，原址位于武昌兰陵街（今解放路中段）。1935 年，在武昌黄土坡（今首义路

图 4-29   民国时期的武昌蛇山桥（作者收藏）

北段）以北，武汉大学老校舍和抱冰堂之间的蛇山南麓空地上，开始营建新馆舍。新馆建筑由武汉大学工学院土木工程学系教授缪恩钊设计，采用了当时公共建筑中为官方所倡导的"中国固有之形式"建筑风格，即模仿中国传统宫殿式建筑样式。图书馆中央主楼为传统歇山顶，两侧另有作为书库的翼楼与之相连。主楼正中的屋檐下，悬挂有"东壁灵光"匾。"东壁"即中国古代二十八星宿中北方七宿之一的壁宿，在中国古代传说中，是掌管天宫图

图 4-30　落成伊始的湖北省立图书馆大楼

书典籍之地,故而古代文人常以"东壁"代指藏书之所。这里的"东壁灵光"也是这一寓意。这座图书馆大楼的屋面,采用了与武汉大学珞珈山校舍建筑相类似的绿色琉璃瓦,体现了建筑师缪恩钊自武汉大学建筑风格的一些移植,而承建该大楼工程的袁瑞泰营造厂,也是建造武汉大学理学院扩建工程等项目的建筑厂商。整座大楼古香古色而又宏伟壮观,是 1930 年代武昌古城内所营建的最为气派和典雅的新建筑之一。

　　当然，在少数这些可圈可点的建设背后，是整个蛇山地区风景园林建设总体依然较为滞后的不争事实。首义公园的建设历经北洋时代和国民政府时代数十年，其成效始终不能令市民游客感到充分的满意。至于古往今来蛇山上最重要的古迹名胜——黄鹤楼的重建，在民国时期也是多次筹划，相关动议屡屡见诸报端，却也始终仍是镜花水月。

湖畔天地：城郊滨湖风景地的兴起

　　除了旧城区的改造更新外，武昌的城市规模和市区范围在民国时期也有了新的拓展，城墙的拆除和沿江堤防的整治，使得武昌城郊大湖的湖滨地带得以开发。在这一过程中，城北的沙湖距离旧城最近，又因清末民初积玉桥新市区和武昌商埠区的规划建设而受惠。在这一背景下，沙湖沿岸成为武昌近代最早开始兴起的城郊滨湖风景游憩地。而到了民国时期，与沙湖连通的更为浩淼的东湖，也开始成为武昌新的名胜之区。

　　近代武昌东沙湖水系风景园林建设的最早拓荒者，是民初一位客居武昌的"隐士"。此人名叫任桐，字琴父，浙江永嘉人。就在张之洞建成武丰闸后的第二年，任桐来到湖北，在武昌商埠局任职。他自幼便嗜游历山水，"每与山水为缘分……遇一丘一壑必纵览而必登"。民国后他归隐田园，在武昌城北郊沙湖（任桐称之为"小沙湖"）西北岸建筑了武汉近代史上著名的私家园林——琴园。琴园的建设自1917年开始，一直持续到30年代，任桐在其中倾注了大量心血。园内小桥流水，山石嶙峋，花木繁茂，建筑中西合璧，美轮美奂，是民国时期武昌最著名的私家园林。1923年该园初步建成，开门迎客，当年曾有报道称："武昌琴园，创自今夏。其地绿树蓊翳，红蕖馥郁，假山亭榭，优雅宜人。上流社会，恒喜往游，以其清净无嚣，洵纳

图 4-31　1923 年国立武昌高等师范学校校友会会员游览琴园
（《国立武昌高等师范学校同学录 No.6》，1923 年）

凉之胜地也。"[1] 可见其在建成后不久，即已成为武昌城北郊一处著名的滨湖游憩地。

　　琴园曾留下了许多近代名人的文化足迹，谭延闿曾为该园题字，康有为曾题写楹联。武汉大学的前身武昌高等师范学校，曾组织师生前往该园野游，而当时在校任教的国学大师黄侃，亦曾与门人同游琴园并作诗留念：

1　孙孜:《琴园趣事——美人下水》，《时报》1923 年 8 月 7 日，第 4 张第 13 版。

"长夏苦溽蒸，相携理烟艇。江风不作波，天宇旷以迥。何人倚乐郊，占此地一顷？葺治尚未半，游者不可屏。爰闲在我曹，触处心已领。归途迎夕晖，健足夸先骋。此诗二子和，共约追逋景。"[1]遗憾的是，由于民初的社会动荡和自然灾害等原因，任桐历时多年精心建筑的琴园，后来不断遭到摧残，最终完全毁于抗战期间。

在武昌城东郊约四公里外的东湖，与沙湖为同一水系，皆由青山连通长江，而其水域面积更为广阔。同样得益于武丰闸的修建，东湖在民国时期因其壮美的水泽风光，亦开始逐渐得到开发和建设，乃至发展为著名的城郊风景游憩地。在这一历史进程中，任桐同样是近代最早提出对武昌东湖进行风景区建设开发的先行者。他曾自述道："清光绪庚子，宦游来鄂。一旦闲步，出武胜门外，沿东北行至沙湖。远望洪山、灵泉、九峰诸山，星罗棋布，各效其奇。其中有一衣带水，若隐若现，掩映于诸山之间者，曰沙湖，旧名歌笛湖，即楚藩种芦取膜为簧处，故今湖侧犹多芦。其水清而浅，周围约三十里，仿佛浙之西湖。虽无楼台亭榭，然天然之秀质，固不以榛莽而掩者。"[2]任桐这次在城外"闲步"所发现的这个"沙湖"，其实是武昌东湖。对风景情有独钟的任桐，敏锐地发现了这片尚未开发建设的湖水的风景价值，认为其"天然之秀质，固不以榛莽而掩盖者"。于是在沙湖琴园之外，任桐

1　黄侃:《偕门人咸宁唐祖培季申、黄冈严绂蕙士采游武昌琴园》,《制言》第 28 期，1936 年 11 月。

2　《沙湖记》,任桐:《沙湖志》，1926 年，中国国家图书馆藏本。按：任桐此处称"沙湖，旧名歌笛湖，即楚藩种芦取膜为簧处"，实为舛误。歌笛湖在武昌城内大朝街（今复兴路）以西，从未为城外东湖（即任桐此处所称"沙湖"）之别称。

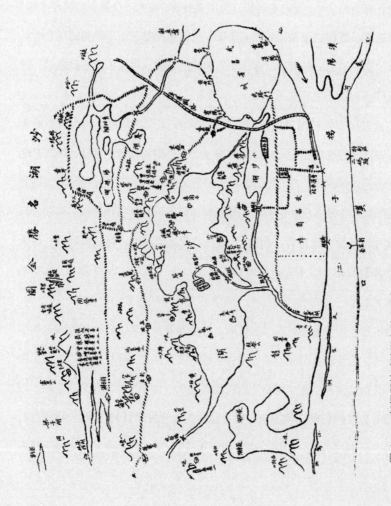

图 4-32　任桐所绘《沙湖名胜全图》

（任桐：《沙湖志》，1926 年，中国国家图书馆藏本）

也开始在水域更广阔的东湖之滨从事建设开发："癸亥秋……就湖中原有之胜，略加补葺，计十六处，名之曰'十六景'。又有所谓'永嘉别墅''望书亭''白鸥亭''念西居士林'，此皆余所添置者。沿湖满种芙蓉垂柳，中蓄红鱼。时而泛舟，时而步月，时或共二三朋友题诗饮酒，笑谈啸傲于其间。是岁冬，余因比年经营武昌商埠计划市区，以致经济困难，除夕索偿者满座，而余心固犹眷眷于此湖，始终未尝稍馁也。"[1]

　　任桐提出的上述"沙湖十六景"，是将今天武昌以东、鄂州以西的长江南岸湖泊群视为整体而构想的一个大风景区，而这其中，又以东湖为主体和景观核心区。在这十六景中，有九处都位于东湖周边地区，分别是"琴堤水月""雁桥秋影""寒溪渔梦""金冢桃花""东山残碣""卓刀饮泉""泉亭松韵""沟口夕阳""鸥岛浴波"等。为了推动这一风景区的建设，他还进行了一些道路和服务设施建设："昔此湖交通不便，游人皆视为畏途，故成一荒僻处所，人迹不到。琴父从沟口商埠辟一路至引胜桥，为'琴园路'，由引胜桥至待驾山为'湖山路'，于待驾山建设'歌笛村''湖山第一'为游人憩息之所，自是湖光山色，顿易旧观，车马往来，始称便利。"[2]当然，在民初动荡的时局之中，依靠任桐个人的力量，显然是不可能完成这一宏伟的风景区建设计划的，所谓"沙湖十六景"，在当时只能是一纸空谈。不过，这其中的一些景点构想，在后来的东湖风景区中已然成为现实，如"琴堤水月"即今东湖绿

1　《沙湖记》，任桐：《沙湖志》，1926 年，中国国家图书馆藏本。

2　《湖景·沙湖》，任桐：《沙湖志》，1926 年，中国国家图书馆藏本。

道湖中道，"鸥岛浴波"即今东湖落雁岛等等。而今天武昌的"秦园路"临江大道至友谊大道段，就是当年任桐所建的"琴园路"（"文革"中改今名）。

东湖风景区建设真正迈出实质性步伐，是从国立武汉大学选址珞珈山建设新校舍开始的。1930 年 1 月，从武珞路街道口连通至珞珈山的马路"大学路"建成通车，东湖沿湖地区的交通状况才终于有了较大改观，乘坐汽车可以从武昌城内直达湖滨的珞珈山校园内。同时，武汉大学还修筑了校区内的道路，特别是东湖岸边的"湖滨路"（即今东湖南路）。根据《国立武汉大学周刊》的记载，"新校舍马路，计有环校路、湖滨路、半山路、珞珈山马路……湖滨路系沿东湖边，长计三余里，全校风景以此处为最佳"[1]。这段路也是整个东湖环湖地区最先修筑的可通汽车的马路。一方面，武汉大学巍峨壮丽的宫殿式校园建筑，本身即为湖山增色，成为东湖重要的旅游景点；另一方面，这些道路建设，也使得珞珈山校园成了民国时期东湖旅游的交通枢纽：从城内前往东湖游玩的市民游客，都通过这一路线，先乘车到达武汉大学，再从武大湖滨一带转乘小船前往东湖各处游玩。由于交通条件的改善，武汉大学湖滨路一带也成为湖中游船停靠揽客的主要场所。

此外，武汉大学还在湖滨路旁的东湖岸边，修筑了露天游泳场，这座游泳场不仅供武大师生体育教学和日常运动之用，也对武汉三镇市民开放。每逢夏季，这座风景优美，水质极佳的泳场都会吸引众多市民前来畅游。曾任武大中文系教授的苏雪林直至晚年，仍对珞珈山与东湖的风景念念不忘。她曾写道：

---

1 《珞珈山新校舍工程近况》，《国立武汉大学周刊》第 64 期，1930 年 6 月 22 日，第 1 版。

图 4-33 1930 年代的武汉大学湖滨路（今武昌东湖南路）石拱桥和湖边的侧船山峡口
（《国立武汉大学第一届毕业纪念册》，1932 年）

图 4-34 民国时期武汉大学东湖泳场（武汉大学档案馆）

> 珞珈山是国立武汉大学的所在地。自从民国二十年我到武大教书以后，便在这风景秀丽，环境幽静的大自然的怀抱里，开始我一段极有意味的生涯。那银墙碧瓦，焕若帝王之居的建筑；那清波滉漾，一望无际的东湖；那夹着蜿蜒马路，一碧参天的法国梧桐；那满山满岭，郁如浓黛的松林；那亭榭参差，繁花如锦的校园，使得珞珈成为武汉三镇风景最美之区。每逢春秋佳日，游人如织，都自那烦嚣杂乱的都市，涌向这世外仙源，抖落十斛襟尘，求得几小时灵魂解放之乐……珞珈风景最诱惑人的当然是那个有名的东湖。杭州的西湖，我嫌她太小，水又太浊。东湖要比她广阔几倍，水是澈底的清。朝霞夕晖，光彩变化，月夜则沦涟闪烁，银波万顷，有海洋的意味。有风的时候，一层层的波浪，好像刻削过的苍玉，又像是蓝色的水晶，刀斩斧截，全属刚性线条，但说是凝固的，却又起伏动荡不已。[1]

毫无疑问，武汉大学珞珈山新校舍恢宏华美的建筑，本身也成为这一时期东湖重要的风景名胜和地标景观。武汉大学珞珈山新校舍，由美国建筑师开尔斯为总设计师，德国建筑师石格司（Richard Sachse）、美籍华裔建筑师李锦沛（Poy Gum Lee）、武大工学院教授兼建委会工程处监造工程师缪恩钊等人参与设计，汉口景明洋行、上海华懋地产公司等参与结构设计。按开尔斯的总体规划，全部校舍建筑包括文、法、理、工、农、医六大学院，以及总图书馆、学生宿舍、饭厅、大礼堂、体育馆、教职员住宅等。全部工

1 苏雪林：《怀珞珈》，《珞珈》（台北）第 35 期，1972 年 7 月。

图 4-35 武汉大学珞珈山校园总建筑设计师开尔斯（Francis Henry Kales）（美国国家档案和记录管理局藏）

程自 1930 年开工，至 1937 年全面抗战爆发时停工，当时大约完成了全部校园规划的近三分之二。1932 年以前，共完成了文学院、理学院、学生饭厅及小礼堂、男生宿舍、女生宿舍、教职员住宅区、水电厂、校区道路等工程，新校园已粗具规模，武汉大学便于这年 3 月从城内东厂口的老校舍，迁入了珞珈山新校园。从此开始直至今天，除了抗战期间一度迁往四川乐山以外，武汉大学再未离开珞珈山，"珞珈"已成为武汉大学的代名词。

1932 年以前的珞珈山新校舍主要建设工程，由晚清民国时期武汉最负盛名的建筑营造企业——汉协盛营造厂承包施工。在发生巨额亏损的艰难情况下，该厂老板沈祝三仍通过抵押房产借款等方式，坚持完成了其所承包的武大各项工程，这种坚守诚信的商业精神，值得后人铭记。1933 年开始，经过公开招标，图书馆、工学院、法学院、体育馆三项工程，由上海六合建筑公司得标承建，理学院扩建实验楼工程由袁瑞泰营造厂承建，华

图 4-36　国立武汉大学珞珈山校舍建筑今貌（摄于 2018 年 9 月）

中水工试验所由胡道生合记营造厂承建，其他一些次要建筑工程，则分别由永茂隆营造厂、协昌华记营造厂等公司承建。至 1937 年夏，珞珈山新校舍全部工程已耗资约 400 万元巨款。其中中央政府的财政拨款约 150 万元，湖北省政府拨款约 80 余万元，其余款项，则是武大多方努力，争取到的各种资助、捐赠。这其中，包括汉口市政府资助理学院建筑设备费、湖南省政府资助法学院建筑设备费、中华教育文化基金董事会资助图书馆建筑设备费、管理中英庚款董事会和平汉铁路管理局资助工学院建筑设备费、黎氏兄弟资助体育馆建筑设备费等等。可以说，武汉大学虽为国立大学，但这座恢宏华美的珞珈山校园能够得以在全面抗战爆发前基本建成，诚有赖中央、地方和社会各界的共同支持和襄助。

图 4-37 国立武汉大学工学院大楼内钢桁架玻璃屋顶下的共享中庭

　　珞珈山校园虽由美国建筑师主持设计，但全部主要校舍建筑，皆采用了绿色琉璃瓦中国传统宫殿式大屋顶，建筑内外的装饰细节，也大量采用中国传统装饰元素。与此同时，建筑师也在设计中融入了大量西方古典建筑元素，如拜占庭式穹顶、双柱组合、古埃及纸莎草柱等等，形成了别具一格的中西合璧建筑风格。此外，这些披着古典外衣的校舍建筑，事实上都大量采用了当时最先进的建筑材料、建筑结构和施工技术。如主要校舍建筑都采用了钢筋混凝土框架结构，图书馆、体育馆、水工试验所、工学院主楼等建筑还采用了大跨度的钢结构屋顶。为了增强耐久性和防火性，主要教学楼、实验楼和图书馆大楼的窗户，大多采用了钢窗。这些现代化的建筑和设备，无疑使得在当时僻在城郊荒野的珞珈山校园，宛如世外桃源一般与众不同。

国立武汉大学珞珈山新校园的建设，给地处武昌城郊外、此前一片荒野的东湖沿岸地区带来了诸多革命性的巨变，除了在建筑景观上形成的新风景外，也将近代城市生活最具标志性的事物——电力与自来水带到了东湖。早在武汉大学尚在城内东厂口老校舍时，因"武昌电厂白天不能供给电力，各实验室殊感困难"，故而理、工两学院在 1930 年便购买了 42 千瓦直流发电机，供应实验室之用。[1] 同年，武汉大学于尚在建设中的珞珈山新校园内，择定东湖之滨的侧船山南麓开始兴造发电厂。该电厂由建筑设备委员会工程处工程师缪恩钊负责厂房建筑设计，工学院电机系教授赵师梅负责设备采购和装置。据校长王世杰当年 12 月报告，"发电厂是新校舍的必需品。这种设备也已经招标，其规模系以供给三千盏五十支光的电灯为度……最后由汉口礼和洋行及安利因洋行供给设备，总价只国币四万余元。现在学校正赶造电厂房屋，期于明年五月完成此项设备。"[2] 该项建筑工程由汉协盛营造厂承建，于 1931 年 1 月动工兴建，数月后完工。武汉大学发电厂初期装置有两台较小的柴油内燃发电机组，后因校舍规模扩大，用电量增长，加之工学院新设机械工程学系后，亦需要蒸汽机作为实验实习设备，因而学校于 1935 年扩建发电厂规模，"加建房屋一大栋，并向德购运蒸汽机全部"[3]，于当年底开车发电。在武昌东郊，东湖南岸的珞珈山成为最早点亮电灯的地方，每当入夜

---

1 《仪器管理处新购发电机》，《国立武汉大学周刊》，1930 年 10 月 19 日，第 4 版。

2 《上周纪念周王校长报告》，《国立武汉大学周刊》，1930 年 12 月 14 日，第 1—2 版。

3 《工厂改装蒸汽发动机》，《国立武汉大学周刊》，1935 年 10 月 14 日，第 4 版。

图 4-38　1930 年代武汉大学珞珈山校园动力室装置的内燃发电机组（《国立武汉大学一览（中华民国二十年度）》, 1931 年）

时分，华灯璀璨的珞珈校舍，在幽深湖波的映衬下，更突显出现代的气息。

　　与此同时，在 1930 年底，武汉大学也开始了珞珈山新校舍自来水工程的计划。当年 11 月 22 日，该校建筑设备委员会第十五次常会讨论通过了"自来水装置计划决定案"，初步确定了以东湖湖水为源水，经过沉淀处理后通过水塔向校区供水的方案。[1] 该自来水系统的湖滨起水机自礼和洋行订购，水管等件则自西门子洋行订购，至 1932 年，全部自来水系统各工程均告完工。该系统包括湖滨起水机房、半山沉淀池、山顶水塔、滤水机房、清洗塔等部分，由湖边起水机房抽取东湖水源，至珞珈山北坡听松庐东面的沉淀池进行初步沉淀，随后又抽至山顶的滤水机房进行过滤，再由旁边的珞珈山水塔，

1　《建筑设备委员会第十五次常会纪录》，《国立武汉大学周刊》，1930 年 11 月 30 日，第 1 版。

图 4-39　武汉大学珞珈山顶的供水建筑，由近及远依次为自来水塔、滤水机房和清洗塔（武汉大学档案馆）

分南北两根主水管，向山南山北各建筑供水。山顶滤水机房的西面，还建有一座清洗塔，定期对滤水机房内的过滤设备进行清洗维护。武汉大学的这套自来水设备，也成为武昌地区最早的自来水生产和供水系统，城郊的珞珈山，先于城区用上了自来水。

由于交通条件的改善，东湖西岸和南岸地区在 1930 年代率先迈出了风景区建设的步伐，几乎与武汉大学珞珈山新校舍建设同时，一处名为"海光农圃"的公园在东湖西岸也如火如荼地开始了建设开发，其建设者为近代武汉著名银行家周苍柏。周苍柏出生于一个工商世家，自幼接受良好教育，早年就读于武昌文华书院和上海南洋公学，1909 年赴美留学，在纽约大学攻读银行系，获商学士学位。1917 年回国后，在上海商业储蓄银行工作，次年被委派来汉负责该行汉口分行的组建，1924 年升任上海银行汉口分行行长。周苍柏慧眼识珠，与武汉大学的创建者们不约而同地关注到了武昌东郊的东湖地区，决心在湖滨地带建设一个风景优美的城市公园。1929年，也就是湖对岸武大圈定新校址的同一年，周苍柏也开始着手在东湖西岸一带购置土地，到第二年便创设了"海光农圃"。海光农圃的范围南起今东湖宾馆，北达今东湖海洋世界一带，东濒东湖，西以今沿湖大道为界，面积约540余亩。该处既是一个供市民郊游休闲的湖滨公园，同时也是一处农林试验场所。周苍柏聘请了许多专业的农林技术人员管理和经营农圃，为首的郎星照，同时也是国立武汉大学建筑设备委员会工程处的职员，负责珞珈山校园的绿化造林施工。[1] 在他们的努力下，园内各项农林事业蒸蒸日上，除了各类苗木外，农圃内还办有养蜂场、养猪场、养鸽场、碾米厂等。据1933年底的一篇游记记载：农圃"办有园艺、养蜂、养猪、哺鸽诸种经营，并附设有碾米厂一所，近更筹备设一养鸡场。踏实务农，周君润一有心人也"[2]。

　　周苍柏十分重视海光农圃内的苗木和牲畜育种。他曾先后向金陵大学农场、华南农场、镇江森牲园等国内著名农场以及国外如日本等购买引进名贵花卉良种和果木、乔木树苗，农圃内的养猪场亦引进外国优良种猪。[3] 在周苍柏的努力之下，30年代的海光农圃已声名远扬，前来参观者络绎不绝。而海光农圃本身，也成为武汉东湖风景区建设的先驱，标志着东湖从一片原始的天然水域，开始成为一个有规划有建设的近代城郊风景名胜区。1949

1　沈中清：《工作报告：参与国立武汉大学新校舍建设的回忆（国立武汉大学新校舍建筑简史）》（1982年3月），武汉大学档案，4-X22-1982-6，武汉大学档案馆藏。

2　绿君：《海光农圃参观记》，《农村旬刊》第1卷第7期，1934年1月。

3　涂文学主编：《东湖史话》，武汉：武汉出版社，2004年，第183—184页。

图 4-40 "海光农圃"牌坊旧影（作者收藏）

年后，周苍柏将海光农圃无偿捐给国家。农圃的一区后来成为东湖宾馆，四区成为湖北省博物馆，二区一部分现为翠柳村客舍，而二区的大部分和三区，则辟为"东湖公园"，也就是今天东湖听涛景区的核心部分。如今，"海光农圃"的历史建筑基本已无迹可寻，但其作为东湖沿岸最早建设的城市公园，对东湖风景区的建设无疑具有重要的拓荒意义。

1930 年代曾任湖北省政府主席的鄂籍军人夏斗寅，也是东湖风景区早期开发的重要推手。夏斗寅早年曾参加辛亥革命和北伐战争，1932 年担任

图 4-41 在海光农圃原址上建设的东湖听涛景区（摄于 2018 年 5 月）

湖北省政府主席，但很快遭到蒋介石猜忌，次年即辞职下野。早在省政府主席任上时，夏氏便对东湖开发建设态度积极。据其自称，"以前在鄂省府主席任内，以总司令蒋……功德在民，徇地方伸〔绅〕商之请，于武昌珞珈山东湖湖心，建筑'中正亭'一所，俾资纪念，而垂永久。"[1] 这座"中正亭"虽然是夏氏为讨好蒋介石而做的"献礼"，但客观上也不失为点缀湖山、增添风景之美事。此亭地处珞珈山北面，居于东湖湖心沙洲之上，四面环水，其地即是当年任桐所规划的"琴堤水月"一景所在。"亭共三级，每级阁数间，预备将来分设茶座者……亭之四周，虽无楼台花木点缀，而湖之中心，孤耸一亭，亦足以壮大观。"[2] 1949 年后，此亭更名为"湖光阁"，至今仍是武汉东湖绿道上的重要景观建筑。

除了湖心的中正亭以外，夏斗寅还对东湖南岸一带的湖山风景情有独钟。他"深爱武昌珞珈山之风景幽秀，尝于该地养疴。自卸职后，即卜居珞珈山旁东湖之滨，意态消闲。每于晨昏，辄持杖散步湖滨，顾潮波为乐，常与附近之农民接近闲话"[3]。他在珞珈山东面更远处购买的一大片土地上，营建了一座私家庄园，常年寓居其中，并不断增饰修葺，苦心经营。这座山庄位于珞珈山以东的封都山、猴山、张家山一带，1934 年到访该园参观游览的陈兴亚，曾对园内布局和建筑景观有过较为详细的记述："园跨山阴山阳，三面临湖。余之意在登山，乃由东茶馆上山，山半一亭曰'澄翠'。再上山

---

1 《本路捐助中正亭建筑费》，《铁路旬刊：粤汉湘鄂线》第 52 期，1934 年 2 月。

2 陈兴亚：《楚豫赣纪游》，北平：华昌制版局，1935 年 4 月，第 3 页。

3 《东湖闲居之迷信主席》，《铁报》，1936 年 4 月 10 日，第 1 版。

图4-42　武汉东湖湖光阁（摄于2018年6月）

顶三,各有一亭,西曰'卧龙',中曰'绿野',东曰'十桂'。其别墅亦有三,南曰'中和村''丰乐园',北有'养虎山庄',为夏君斗寅常居之所。花木甚多,因旱多枯萎,惟湖光山色,可涤尘襟,朝晖夕阴,不生暑气。倘再遍山种树,尤显清幽,可称武昌城外第一佳境……夏家花园之西山,山亦筑一'鉴心亭'。"[1]夏斗寅除了在园中广建亭台楼阁外,还在滨湖一带进行了景

1　陈兴亚:《楚豫赣纪游》,第2—4页。

观建设，"红墙围绕之中，花木扶疏，景物甚丽。湖边停一画舫，结构颇见玲珑"[1]。该园中的收藏也颇丰富，时人称夏斗寅"辟精舍于湖东小阜，藏书画甚富"[2]。该园建成后，与珞珈山、海光农圃、中正亭一道，成为民国时期东湖沿岸的主要景观和游览地。1938 年武汉抗战期间，蒋介石也曾到该园游览，如 10 月 2 日，正当武汉会战进入最后时刻时，仍身在武昌的蒋介石，曾于当日中午"到养云山野餐"[3]。遗憾的是，这处夏家花园，今已无建筑遗存，难觅其踪了。

在 1930 年代东湖湖滨如火如荼地建设过程中，也开始出现了外国教会的身影。1935 年曾有报道称："近当局某要人，在湖滨上海银行海光农圃附近，购地万余方，建筑肺病疗养院一所，建筑费为九十万元。刻已动工，大约历时半年，始可完竣。风景优美之东湖，从此当更生色不少矣。"[4] 这里提到的"当局某要人"，乃是张学良。此前的 1933 年春，深陷毒瘾之中的张学良南下上海，接受美国基督教复临安息日会米勒医生的戒断治疗。经过一个多月痛苦挣扎，最终成功戒毒。为了表示对米勒医生及复临安息日会的感谢，张学良决定向该会捐资，协助建造卫生疗养院。而位于武昌东湖西岸，毗邻海光农圃

1　蒋星北：《珞珈游记》，《交行通讯》第 7 卷第 6 号，1935 年 12 月。

2　千仞：《东湖》，《粤汉月刊》1937 年第 1 卷第 5 期。

3　萧李居编辑：《蒋中正总统档案・事略稿本》第 42 册，台北：台湾地区历史研究机构，2010 年 7 月，第 379 页。按：《事略稿本》1938 年 9 月 27 日亦曾记载："正午，到珞珈山东岛上卧云亭，与夫人野餐。山明水秀，足以消愁自适。"此处"珞珈山东岛"似亦指养云山庄，"卧云亭"或即陈兴亚所记之"卧龙亭"。

4　《东湖新建疗养院》，《汉口舆论汇刊》第 47 集，1935 年 6 月。

的东湖疗养院，正是在张学良的捐资协助下，由米勒医生等人创办的。1938
年武汉抗战期间，李宗仁因旧伤复发曾入住该院。他在多年后的回忆录中，
对这段住院经历仍记忆犹新。他写道：

> 我由友人介绍，住于武昌有名的东湖疗养院内。此医院的资产，
> 大半为张学良所捐赠，规模宏大，设备新颖。院长兼外科主任为一美
> 国人，医道甚好。我即由他施手术，自口腔上颚内取出一撮黑色碎骨，
> 肿痛遂霍然而愈。
>
> 东湖为武昌风景区之一。我出去散步时，常在路上碰到周恩来和
> 郭沫若，大家握手寒暄而已，听说他们的住宅就在附近。此疗养院环
> 境清净，风景宜人。时值夏季，湖中荷花盛开，清香扑鼻。武汉三镇，
> 热气蒸人，东湖疗养院实为唯一避暑胜地。因此李济深、黄绍竑、方
> 振武也来院居住。这三人都和我有莫逆的友谊，现在朝夕聚首，或谈
> 论国事，或下围棋，或雇扁舟遨游于荷花之中，戏水钓鱼，真有世外
> 桃源之乐。[1]

　　东湖疗养院在毗邻海光农圃的地方，建造了一组规模不小的医院建筑
群，其中主楼为一栋四层高的"凹"字形平面的住院大楼。这所新建的疗养
院建筑宏伟，设备优良，而又坐拥湖光山色的优美环境，在当时的武昌地区，
可称条件最优的新式医院之一。在沦陷期间，这所疗养院依然坚守在武昌

1　李宗仁口述，唐德刚撰写：《李宗仁回忆录》下册，南宁：广西人民出版社，1980 年，第 554 页。

图 4-43   民国时期的东湖疗养院大楼

（《末世牧声》第 12 卷第 5 期，1940 年 5 月）

图 4-44   东湖疗养院旧址建筑今貌（摄于 2021 年 1 月）

东湖之滨，收治了许多病患，并向他们发放粮食和衣物，以供救济。[1] 如今，当年疗养院的住院大楼依然矗立在东湖之滨，成为历史的无声见证者。

由上述这些分散的建设起步，至 1930 年代中期，东湖作为一个大风景区，逐步开始走上整体规划建设的正轨。1935 年，湖北省政府鉴于"东湖山环水曲，风景绝佳，又为华中最高学府所在之地，举凡农村、森林、道路各项要政，允宜为有计划之建设"，因而决定"特设东湖建设委员会，集思广益，用资规划"。这一委员会以建设厅长李范一为主任委员，成员包括前述为东湖早期建设做出重要贡献的夏斗寅、周苍柏，以及武汉大学的邵逸周、熊国藻、杨端六等人。[2] 对于东湖的建设发展前景，当时的省建设厅寄望甚高，曾对《申报》记者表示："武昌东湖珞珈山，风景幽秀，足比杭之西湖。今省府已设立东湖建设委员会，尽力辟为风景及文化区，亦为新武昌之一优点。"[3]

至全面抗战爆发前夕，经过近十年的建设，东湖已然初具风景区雏形，成为武昌近郊一个新兴的桃源世界。时人曾这样描绘道："在艺术者的眼光看来，东湖是太美丽了，它有堂皇富丽，能够代表近十年来中国的建筑进步的大学皇宫，但它也有纯南国田园风味的茅舍矮墙。在湖的东际，正是那日出地所在，有一座绿荫深处的古建筑美的中正亭。假比你站在珞珈山而南望的话，那湖边绿岛上的海光的丛林后，远近参差的十几栋红色洋房，

1　《东湖冬夜》，《末世牧声》第 12 卷第 5 期，1940 年 5 月。

2　《湖北省政府聘请东湖建设会委员会委员公函（秘字 3115 号）》，1935 年 2 月 11 日，《湖北省政府公报》1935 年第 72 期。

3　《张延祥谈湖北建设进展》，《申报》1935 年 3 月 11 日，第 12 版。

正是十足的新大陆的情调呢。东湖里的水，又那么清净得几乎明可见底，尤其是在这样的季节里游水的时候，瞧着小鱼轻快地从你身边漂来流去，天边偶然吹过一声鸟啸，这时唯美主义的艺术者们，真会感觉得太够味，太够陶醉了。"[1] 东湖也开始成为武昌乃至三镇市民休闲的好去处，尤其是成为夏日生活的重要组成部分。著名作家苏雪林晚年曾回忆道："游泳时，浮拍波面，或潜身水底，各有妙趣，难以尽述。每遇夏季，居住珞珈的人固然要把每天一半光阴消磨在东湖里，三镇居民也成群结队而至，在那柔美湖波里，寻觅祛暑的良方。所以湖滨茶寮酒馆，鳞比栉次，热闹的景况抵得北戴河和青岛的汇泉浴场。我未到珞珈之前，屡弱多病，上山以后，日夕呼吸湖光饮山渌，身体日趋强健。"[2] 1938 年武汉抗战期间寓居东湖珞珈山的蒋介石，也在其日记中留下了对东湖的点点慨叹："五月七日，傍晚，散步东湖滨。八日，泛舟东湖。十一日晚，散步东湖滨，曰：'月白风清，山明水秀，此忧中之乐也。' 二十七日傍晚，泛舟东湖。（六月）二十七日傍晚，以船游东湖，曰：'水清如镜，草香扑鼻，忧中一乐也。' 七月三日晚，游东湖，曰：'月白风清，水明山秀，终不能忘忧国事也。'（十月）八日晚，往珞珈山听松庐宿，静坐观月，曰：'军事倥偬之中，得此休息，此非图乐，乃是消愁，然而此心仍不能略忘战况也。' 九日晚，往东湖滨，与新生活女指导员谈已，曰：'月光之下，夫妻并坐，后生围绕，气象兴奋，共唱岳武穆《满江红》词，悲歌壮烈，

1　华树枝：《扁舟一叶话东湖》，《星华》1937 年革新第 11 期。

2　苏雪林：《怀珞珈》，《珞珈》（台湾）第 35 期，1972 年 7 月。

忧中之乐也。'十七日下午，散步东湖湖滨，伫立眺望，曰：'湖光秋色，别有风景，顿增西湖与故乡山水之感。呜呼！江山依然，风景如故，战况国情，凄怆万千，深信上帝必有以佑我中华，转危为安也。'"[1]

将武昌东湖与杭州西湖作比较，在 1930 年代的当时，就已经成为人们在谈及东湖时常予讨论的话题。1936 年《申报每周增刊》上，还专门刊发过一篇文章，题目即是"东湖未必逊西湖"："我在报章曾经见过有人说：'东湖比西湖，好像东施与西施。'这未免贬落东湖，过甚其辞。东湖周围六十里，气象较西湖阔大。那一种烟波浩渺，风帆点点，是西湖所见不到的。武汉大学的丹甍碧瓦，瑰丽崔嵬，亦是西湖所没有的。我来把西湖东湖作一个公平的比较：西湖好比是摩登少女，装饰入时，巧笑美盼，引人迷恋；东湖恰像是大家中妇，有林下风，装饰朴素，落落大方，秀慧娴静的神韵，令人意远。这样的比喻，或者还不失为持平之论。"[2]

1　黄自进、潘光哲编：《蒋中正总统五记・游记》，台北：世界大同文创股份有限公司，2011 年。

2　新圃：《东湖未必逊西湖——湖山风景不殊，需要人工装点》，《申报每周增刊》1936 年第 1 卷第 20 期。

图 4-45　今日武昌东湖全景鸟瞰

（摄于 2020 年 8 月）

主要参考文献

一、史料：

1. 古籍方志

〔北魏〕郦道元:《水经注》

〔南朝梁〕萧子显:《南齐书》

〔唐〕李吉甫:《元和郡县图志》

〔唐〕李百药:《北齐书》

〔唐〕姚思廉:《陈书》

〔唐〕魏征:《隋书》

〔唐〕芮挺章:《国秀集》

〔后晋〕刘昫等:《旧唐书》

〔宋〕张舜民:《画墁集》

〔宋〕欧阳修等:《新唐书》

〔宋〕姚铉:《唐文粹》

〔宋〕李昉:《文苑英华》

〔宋〕乐史:《太平寰宇记》

〔宋〕司马光:《资治通鉴》

〔宋〕张栻:《南轩集》

〔宋〕祝穆:《方舆胜览》

〔宋〕李心传:《建炎以来系年要录》

〔宋〕徐梦莘:《三朝北盟会编》

〔宋〕陆游:《入蜀记》

〔宋〕范成大:《吴船录》

〔宋〕黄庭坚:《山谷内集》

〔宋〕戴复古:《石屏诗集》

〔宋〕王象之:《舆地纪胜》

〔宋〕袁说友:《东塘集》

〔宋〕黄榦:《勉斋先生黄文肃公集》

〔元〕陈孚:《陈刚中诗集》

〔元〕元明善:《清河集》

〔元〕佚名:《大元圣政国朝典章》

〔元〕脱脱:《宋史》

〔元〕丁鹤年:《鹤年先生诗集》

〔元〕余阙:《青阳先生文集》

〔元〕程文海:《雪楼集》

〔明〕宋濂:《元史》

〔明〕李贤:《明一统志》

〔明〕宋懋澄:《九籥集》

〔明〕李东阳:《怀麓堂集》

〔明〕廖道南:《楚纪》

〔明〕王鏊:《震泽集》

〔明〕郭正域:《合并黄离草》

《明太祖实录》

《明会典》

〔清〕释晓青:《高云堂诗集》

〔清〕卢纮:《四照堂诗集》

〔清〕顾景星:《白茅堂集》

〔清〕张宝:《续泛槎图》

〔清〕唐训方:《唐中丞遗集》

〔清〕潘钟瑞:《香禅精舍集》

〔清〕杨守敬:《湖北金石志》

〔清〕陈诗:《湖北旧闻录》

〔清〕姚锡光:《江鄂日记》

明嘉靖《湖广图经志书》

明嘉靖《兴都志》

明嘉靖《承天大志》

明万历《湖广总志》

清康熙《湖广武昌府志》

清康熙《湖广通志》

清雍正《湖广通志》

清乾隆《江夏县志》

清同治《黄鹄山志》

民国《湖北通志》

任桐：《沙湖志》，1923年

2. 图书

《湖北方言学堂一览》，约1910年

《湖北外国语专门学校同学录》，1916年

《国立武昌高等师范学校己未同学录》，1919年

《国立武昌高等师范学校庚申级同学录》，1920年

《湖北公立法政专门学校庚申同学录》，1920年

《国立武昌商业专门学校第二次同学录》，1920年

《国立武昌高等师范学校同学录No. 6》，1923年

《国立武昌商科大学第六次毕业同学录》，1924年

萧耀南、王兆虎等：《湖北堤防纪要》，1924年

《国立武汉大学一览（中华民国二十年度）》，1931年

陈兴亚：《楚豫赣纪游》，北平：华昌制版局，1935年

《国立武汉大学民二五级毕业纪念刊》，1936年

《湖北省立武昌高级中学同学录》，1936年

《国立武汉大学一览（中华民国廿六、廿七年度合刊）》，1939年

张继煦：《张文襄公治鄂记》，武昌：湖北通志馆，1947年

东湖风景区管理处编：《武汉的东湖》，武汉：湖北人民出版社，1956年

李宗仁口述，唐德刚撰写：《李宗仁回忆录》，南宁：广西人民出版社，1980年

于极荣等：《学府纪闻·国立武汉大学》，台北：南京出版有限公司，1981年

张孝若编:《南通张季直（謇）先生传记》。台北：文海出版社有限公司，1981 年

同济医科大学附属协和医院编:《协和医院志》，内部出版，1986 年

中国社会科学院历史研究所、中国敦煌吐鲁番学会敦煌古文献编辑委员会、英国国家图书馆、伦敦大学亚非学院合编:《英藏敦煌文献（汉文佛经以外部分）》，成都：四川人民出版社，1990 年

本书编写组:《湖北教育学院校史（1931—1996）》，内部出版，1996 年

本书编委会:《华中农业大学校史》，内部出版，1998 年

本书编纂委员会编辑:《武汉历史地图集》，北京：中国地图出版社，1998 年

李珠、皮明庥主编:《武汉教育史》，武汉：武汉出版社，1999 年

政协武汉市委员会文史学习委员会编:《武汉文史资料文库（1—8 卷）》，武汉：武汉出版社，1999 年

武汉市档案馆编:《大武汉旧影》，武汉：湖北人民出版社，1999 年

高平叔、王世儒编注:《蔡元培书信集》，杭州：浙江教育出版社，2000 年

吴传喜主编:《湖北大学校史（1931—2001）》，武汉：湖北人民出版社，2001 年

上海市历史博物馆编:《20 世纪的中国印象——一位美国摄影师的纪录》，上海：上海古籍出版社，2001 年

上海古籍出版社、法国国家图书馆编:《法国国家图书馆藏敦煌西域文献（26）》，上海：上海古籍出版社，2002 年

张安明、刘祖芬主编:《百年老照片》，武汉：华中师范大学出版社，2003 年

张锡厚主编:《全敦煌诗》，北京：作家出版社，2006 年

上海市历史博物馆编，哲夫、张家禄、胡宝芳编著:《武汉旧影》，上海：上海古籍出版社，2007 年

赵德馨主编:《张之洞全集》，武汉：武汉出版社，2008 年

萧李居编辑:《蒋中正总统档案·事略稿本》第 42 册，台北：台湾地区历史研究机构，2010 年

哲夫、余兰生、翟跃东主编:《晚清民初武汉映像》，上海：上海三联书店，2010 年

徐勇民主编:《永远的风采——湖北美术学院校史》，武汉：湖北美术出版社，2010 年

张爱华、王灿主编:《永远的风采——武昌艺术专科学校老照片》，武汉：湖北美术出版社，2010 年

黄自进、潘光哲编:《蒋中正总统五记》，台北：世界大同文创股份有限公司，2011 年

上海商务印书馆编译所编:《大革命写真画》，北京：商务印书馆，2011 年

〔英〕额尔金、沃尔龙德著，汪洪章、陈以侃译：《额尔金书信和日记选》，上海：中西书局，
　　2011 年
〔英〕汤姆逊著，徐家宁译：《中国与中国人影像：约翰·汤姆逊记录的晚清帝国》，桂林：
　　广西师范大学出版社，2012 年
〔日〕金丸健二摄影、沈辰翻译：《老照片·长江旧影（1920）》，南京：南京出版社，
　　2014 年

3. 中外期刊

《半月通讯》
《北洋官报》
《晨报·星期画报》
《大公报》
《大陆报》
《大同报》
《道路月刊》
《东方杂志》
《恩光新医学杂志》
《工程》
《工程周刊》
《广益丛报》
《国立武汉大学周刊》
《国民革命军第四集团军陆军第二师特别党政训练部双十特刊》
《国闻周报》
《汉口商业月刊》
《汉口中西报》
《汉口舆论汇刊》
《湖北建设月刊》
《湖北农会报》
《湖北省政府公报》
《湖北实业月刊》

《湖北文史资料》

《湖北文献》（台北）

《湖南交通报》

《黄花旬报》

《建设月刊》

《江苏省政府土地整理委员会公报》

《交行通讯》

《教育周报》

《教育公报》

《礼拜六》

《力报》

《良友》

《珞珈》（台北）

《珞珈月刊》

《末世牧声》

《农村旬刊》

《农林公报》

《农商公报》

《三觉丛刊》

《社会之花》

《申报》

《申报每周增刊》

《申报·教育与人生周刊》

《时报》

《时事报图画杂俎》

《天民报图画附刊》

《铁报》

《铁道公报》

《铁路协会会报》

《铁路旬刊：粤汉湘鄂线》

《通问报·耶稣教家庭新闻》

《图画时报》

《文华图书馆学专科学校季刊》

《武汉大学校友通讯》

《武汉特别市市政月刊》

《武汉文史资料》

《西北风》

《厦大周刊》

《新闻报》

《兴华》

《星华》

《学部官报》

《学生杂志》

《益世报》

《银行周报》

《粤汉铁路旬刊》

《粤汉月刊》

《真相画报》

《政府公报》

《制言》

《中国建设》

《中国博物馆协会会报》

《中华工程师学会会报》

《中华教育界》

《众议院公报》

Laurence Oliphant, *Narrative of the Earl of Elgin's Mission to China and Japan in the Year 1857,58,59*, Edinburgh and London: William Blackwood and Sons, 1859.

Mrs. Arnold Foster, *In the Valley of Yangtse*, London: London Missionary Society, 1899.

William Barclay Parson, *An American Engineer in China*, New York: McClure, Phillips & Co. 1900.

William Edgar Geil, *Eighteen Capitals of China*, Philadelphia & London: J. B. Lippincott Company, 1911.

The Chinese Recorder And Missionary Journal

The North-China Herald

The North China Desk Hong List

The North-China Herald and Supreme Court & Consular Gazette

4. 档案及影像史料

《亚东印画辑》

《亚细亚大观》

美国杜克大学图书馆藏甘博（Sidney David Gamble）摄影集

美国耶鲁大学神学院藏近代中国教会大学历史影像集

美国威斯康星大学美国地理学会图书馆藏马栋臣（Frederick Gardner Clapp）摄影集

美国国会图书馆藏晚清民国武汉历史地图

美国地质调查局卫星遥感影像数据库

英国布里斯托大学"中国历史影像"研究项目相关历史影像集

英国爱丁堡大学神学院世界基督教研究中心藏苏格兰长老会历史影像集

法国国家图书馆藏拉里贝（Firmin Laribe）中国摄影集

意大利安杰洛·麦图书馆藏洛卡特利（Antonio Locatelli）中国旅行报告及摄影集

巴西国家图书馆藏沙俄科学贸易考察团中国摄影集

台北故宫博物院藏明清舆图

台北故宫博物院藏清代宫中档朱批奏折

美国档案和记录管理局藏外交档案

武汉市档案馆藏民国历史档案

湖北省档案馆藏民国历史档案

台湾地区历史研究机构藏国民政府档案、台湾地区教育主管部门档案

武汉大学档案馆藏国立武汉大学档案、武汉大学基建档案

日本外务省外交史料馆藏外务省档案

联合国档案和记录管理科藏善后救济总署档案

二、今人论著及译著:

苏云峰:《张之洞与湖北教育改革》,台北:台湾"中研院"近代史研究所,1976 年

苏云峰:《中国现代化的区域研究:湖北省,1860—1916》,台北:台湾"中研院"近代史
研究所,1981 年

谭其骧主编:《中国历史地图集》,北京:中国地图出版社,1982 年

武汉大学校史编辑研究室:《武汉大学校史简编(1913—1949)》,内部发行,1983 年

〔美〕杰西·格·卢茨著,曾钜生译:《中国教会大学史(1850—1950 年)》,杭州:浙江教
育出版社,1987 年

王昌藩主编:《武汉园林(1840—1985)》,武汉市园林局内部出版,1987 年

本书编纂委员会主编:《武昌县志》,武汉:武汉大学出版社,1989 年

武汉市地名委员会编:《武汉地名志》,武汉:武汉出版社,1990 年

武汉地方志编纂委员会主编:《武汉市志·文物志》,武汉:武汉大学出版社,1990 年

武汉地方志编纂委员会主编:《武汉市志·教育志》,武汉:武汉大学出版社,1991 年

王宗华主编:《中国现代史辞典》,郑州:河南人民出版社,1991 年

中国科学技术协会主编:《中国科学技术专家传略》农学编林业卷,北京:中国科学技术
出版社,1991 年

武汉市地名委员会办公室:《武汉地名图集》,武汉:武汉出版社,1991 年

武汉地方志编纂委员会主编:《武汉市志·城市建设志》,武汉:武汉大学出版社,1997 年

田子渝、黄华文:《湖北通史·民国卷》,武汉:华中师范大学出版社,1999 年

武汉地方志编纂委员会主编:《武汉市志·人物志》,武汉:武汉大学出版社,1999 年

武汉地方志编纂委员会主编:《武汉市志·工业志》,武汉:武汉大学出版社,1999 年

李珠、皮明庥主编:《武汉教育史》,武汉:武汉出版社,1999 年

郁贤皓:《唐刺史考全编》,合肥:安徽大学出版社,2000 年

吴炜:《摄影发展图史》,长春:吉林摄影出版社,2001 年

湖北省文物考古研究所编著:《武昌放鹰台》,北京:文物出版社,2003 年

张安明、刘祖芬:《江汉昙华林——华中大学》,石家庄:河北教育出版社,2003 年

马敏、汪文汉主编:《百年校史(1903—2003)》,武汉:华中师范大学出版社,2003 年

徐建华主编:《武昌史话》,武汉:武汉出版社,2003 年

涂文学主编:《东湖史话》,武汉:武汉出版社,2004 年

张家来主编:《洪山史话》，武汉：武汉出版社，2004 年

王光佳主编:《江夏史话》，武汉：武汉出版社，2004 年

皮明庥主编:《武汉通史》，武汉：武汉出版社，2006 年

徐鲁:《消逝的武汉风景》，福州：福建美术出版社，2006 年

陈平原、夏晓虹编注:《图像晚清》，天津：百花文艺出版社，2006 年

政协武汉市武昌区委员会编:《武昌老地名》，武汉：武汉出版社，2007 年

冯明珠、林天人主编:《笔画千里——院藏古舆图特展》，台北：台湾故宫博物院，2008 年

武汉市武昌区地方志编纂委员会编:《武昌区志》，武汉：武汉出版社，2008 年

林哲:《桂林靖江王府》，桂林：广西师范大学出版社，2009 年

宁波市政协文史委员会编:《汉口宁波帮》，北京：中国文史出版社，2009 年

武汉市洪山区地方志编纂委员会编:《洪山区志》，武汉：武汉出版社，2009 年

冯天瑜、陈锋主编:《张之洞与中国近代化》，北京：中国社会科学出版社，2010 年

杨果:《宋辽金史论稿》，北京：商务印书馆，2010 年

孟凡人:《明代宫廷建筑史》，北京：紫禁城出版社，2010 年

张爱华、王灿主编:《永远的风采——武昌艺术专科学校老照片》，武汉：湖北美术出版社，
　　2010 年

徐勇民主编:《永远的风采——湖北美术学院校史》，武汉：湖北美术出版社，2010 年

〔英〕泰瑞·贝内特著，徐婷婷译:《中国摄影史：1842—1860》，北京：中国摄影出版社，
　　2011 年

杨天石、谭徐锋编:《辛亥革命的影像记忆》，北京：中国人民大学出版社，2011 年

冯天瑜、张笃勤:《辛亥首义史》，武汉：湖北人民出版社，2011 年

冯天瑜、张笃勤:《辛亥革命图志》，北京：中华书局，2011 年

建筑文化考察组等编著:《辛亥革命纪念建筑》，天津：天津大学出版社，2011 年

朱向梅主编:《武昌城垣》，武汉市武昌区档案馆，内部发行，2011 年

王贵祥等著:《明代城市与建筑——环列分布、纲维布置与制度重建》，北京：中国建筑工
　　业出版社，2012 年

吴骁、程斯辉:《功盖珞嘉"一代完人"——武汉大学校长王星拱》，济南，山东教育出版社，
　　2012 年

刘森淼:《荆楚古城风貌》，武汉：武汉出版社，2012 年

石泉:《古代荆楚地理新探》，武汉：武汉大学出版社，2013 年

石泉:《古代荆楚地理新探·续集》，武汉：武汉大学出版社，2013 年

〔英〕泰瑞·贝内特著，徐婷婷译：《中国摄影史：西方摄影师 1861—1879》，北京：中国摄影出版社，2013 年

周俊宇：《党国与象征：中华民国国定节日的历史》，台北：台湾地区历史研究机构，2013 年

鲁西奇：《中国历史的空间结构》，桂林：广西师范大学出版社，2014 年

涂文学主编：《百年薪火，桃李芬芳：武汉城市职业学院校史（1904—2014）》，武汉：湖北人民出版社，2014 年

吴薇：《近代武昌城市发展与空间形态研究》，北京：中国建筑工业出版社，2014 年

蔡华初：《千年刻石话遗珍：武汉地区摩崖石刻调查》，武汉：武汉出版社，2015 年

唐惠虎、李静霞、张颖主编：《武汉近代工业史》，武汉：湖北人民出版社，2016 年

吴剑杰：《张之洞散论》，武汉：湖北人民出版社，2017 年

本书编纂委员会编著：《湖北省历代地图成果概览》，长沙：湖南地图出版社，2017 年

武昌区地方志办公室编著：《武昌旧城》，武汉：武汉出版社，2017 年

宋传银编：《笔记小说武汉资料辑录》，武汉：武汉出版社，2018 年

严昌洪编著：《武昌掌故》，武汉：武汉出版社，2019 年

罗福惠、罗芳编著：《名人咏武昌》，武汉：武汉出版社，2019 年

涂文学著，彭汉良、许颖等译：《武汉城市简史》，武汉：武汉出版社，2019 年

刘文祥：《珞珈筑记：一座近代国立大学新校园的诞生》，桂林：广西师范大学出版社，2019 年

严涛编：《武昌碑刻》，武汉：武汉出版社，2020 年

刘文祥：《武昌老学府》，武汉：武汉出版社，2021 年

后　记

　　本书的写作始自 2018 年春，当年即已完成了初稿，但此后因种种原因，出版一再推迟。不过，这反倒给了我较为充裕的时间，对这本小书进行再打磨。坦率而言，作为一位生活在武汉的"新住民"和青年史学工作者，写作这样一部主题厚重的书稿，难免不令我感到些微惶恐。本书的写作于我而言更是一次宝贵的学习过程，其中也收获了历史研究工作所给予我的愉悦。

　　武昌是武汉三镇中的文化重镇，也是长江中游沿岸历史悠久、积淀深厚的一座古城，其城市历史文化，无疑值得深入挖掘和研究。然而我们似乎不得不面对尴尬的事实：与中国境内其他许多知名的"古城"相比，今天的武昌旧城看上去已然古风不再。不仅曾经的古城墙和城门早已基本消失无踪，城中的官署、儒学、书院、祠庙、坛壝、会馆、园林、钟鼓楼……所有一座中国古城应该具有的符号性建筑景观，竟然都无一得以完整留存，甚至于在城内已几乎很难看到原貌尚存的普通传统民居。在这里，我们不得不感慨于过往百余年历史进程所裹挟的磅礴巨浪，在改变城市景观上展现出的惊人力量。更有甚者，不仅建筑实体遗存已极为有限，关于武昌古城的史籍文献的记载同样不甚完整和充分。这样的状况，无疑给针对这座城市历史的深入研究提出了不小的挑战。

本书并非一本有关武昌古城千余年历史的全面性通史，而是主要聚焦于宋明以来，特别是近代时期武昌古城的城市景观和历史变迁，试图在这些方面进行一些拓展研究。如清代以前武昌地区地方志的失传，给研究宋元明时期古城相关历史制造了很大困难，本书第一章通过挖掘其他相关古籍文献中的种种线索，参考前人成果，在此方面尝试进行了一些探究。又如明清武昌古城墙，早在民国时期即已拆除，在建筑实体荡然无存的情况下，本书第二章通过历史文献记载和对影像史料的运用等途径，对这一古城垣的具体情况也进行了一些新的探究。此外，武昌这座明清时期长江中游的传统古城，如何在近代历史的变革中一步步走向现代化，也是一个十分值得关注的命题，在此方面本书亦用了相当篇幅进行探讨。本书尽笔者个人之力，挖掘运用了各类文献史料，充分参考借鉴了前贤的研究成果，也斗胆提出了一些个人的新观点新认识。限于个人才疏学浅，书中必有遗缺、浅陋乃至错误之处，在此也恳请广大武汉城市史研究领域专家学者，及所有关注武汉城市文化的各界朋友们批评指正。

田野调查是城市史研究所必须充分运用和重视的方法。本书写作过程中，笔者深入大街小巷，对武昌旧城一带进行了多次的实地考察，对古城的山水地形、历史建筑和其他文化遗迹有了更加直观和丰富的认识。除了用传统的摄影手段拍摄记录以外，笔者还充分运用了无人机航拍等新技术手段，从高空俯瞰，以不一样的角度，拍摄了全新的城市影像。本书中使用了不少这些航拍照片作为插图，相信将有助于读者对武昌古城历史风貌的感悟和理解。

除此以外，将历史影像作为史料加以高度重视和大量使用，也是本书的一大特色。老照片是近代城市史研究所特有的一种史料形式，其通过形象直观的方式，生动而立体地记录了城市历史发展的多维信息，具有无可替代的重要史料价值。近年来国内外有关中国近代城市史的研究，对于影像史料的挖掘和利用，皆日益重视和深入。笔者亦长期关注武汉近代城市影像研究，本书在讲述和分析过程中，也大量运用了影像史料。这些老照片固然无法在色彩和清晰度上与今天的高清影像相比，但它们所记录下的珍贵历史信息，却是我们观察研究近代武昌城市历史的重要依据。笔者也相信它们定能增加读者的阅读兴趣，并帮助大家更直观地感悟古城近代以来的历史变迁。

本书写作过程中，得到了诸多前辈、师长和友人的帮助。感谢涂文学、李少军、张胜林、张笃勤、邓正兵、彭勇、张长虹、宋传银、涂上飙、周荣、张嵩、宋晓丹、黄涛、万谦、夏增民、洪均、白建明、吴骁、王钢、丁道平、陈庆魁、孙富磊、王春伟、宗亮、何强、徐家宁、陈思、皮忠勇、陈一川、严涛、张亮、张哲萌、胡新等诸位前辈、友人对本书写作提供的指导，或在资料收集方面所给予我的帮助。本书使用了境内外一些档案馆、图书馆、博物馆和科研机构所收藏的历史影像资料，在此亦衷心感谢武汉市档案馆、武汉图书馆、湖北省图书馆、湖北省档案馆、湖北省博物馆、武汉大学图书馆、武汉大学档案馆及校史馆、湖北大学图书馆、故宫博物院、中国国家博物馆、中国国家图书馆、中国第一历史档案馆、中国台湾省立图书馆、中国台湾"中研院"各图书馆、台北故宫博物院图书文献处、湖北文献社、美国国会图书馆、美国地质调查局、威斯康星大学美国地理学会图书馆、南加州大学图书馆、耶鲁大学神学院图书馆、纽约大都会艺术博物馆、英国布里斯托大学"中国历史影像"项目组等机构所给予我的协助和便利。此外，还要特别感谢来自湖北荆州的独立研究者黎国亮先生。黎兄长期关注明代皇家建筑和藩王府建筑历史文化，对明代武昌城及楚王府进行了持续多年的深入研究，并已取得不小的成果。本书第一、二章的写作过程中，我与黎兄曾有多次交流探讨，这些交流使我得到了诸多有益启发。

写作这本小书的过程中，我每每想起童年时代曾在武昌斗级营短暂寓居所留下的点点印象。雄伟壮美的长江大桥、熙熙攘攘的司门口商业区，还有武汉音乐学院的悦耳琴声、户部巷的飘香早点……这些虽并不是本书所要涵盖的内容，但相信对于近几十年来在武昌老城区生活抑或到访过的人们而言，一定都是温暖而鲜活的共享记忆。我也将这本小书，献给所有共享这些温暖记忆的朋友们。

2021 年 5 月于江汉大学

图书在版编目(CIP)数据

城象:武昌的历史景观变迁/刘文祥著.—北京:商务
印书馆,2021
ISBN 978-7-100-20345-6

Ⅰ.①城… Ⅱ.①刘… Ⅲ.①古城—城市景观—
研究—武昌区 Ⅳ.①TU984.263.4

中国版本图书馆 CIP 数据核字(2021)第 182401 号

城象:武昌的历史景观变迁

刘文祥 著

───────────────

商 务 印 书 馆 出 版
(北京王府井大街 36 号 邮政编码 100710)
商 务 印 书 馆 发 行
北京新华印刷有限公司印刷
ISBN 978-7-100-20345-6

───────────────

2021 年 11 月第 1 版 开本 880×1230 1/32
2021 年 11 月北京第 1 次印刷 印张 11
定价:68.00 元